Lydia Schültken, Michael Tomoff, Patrick Baumann,
Céline Iding, Stefan Decker, Rainer Kruschwitz, Markus Mathar

workhacks

Sechs Angriffe auf eingefahrene Arbeitsabläufe

1. Auflage

Haufe Gruppe
Freiburg · München · Stuttgart

Bibliografische Information der Deutschen Nationalbibliothek

Die Deutsche Nationalbibliothek verzeichnet diese Publikation in der Deutschen Nationalbibliografie; detaillierte bibliografische Daten sind im Internet über http://dnb.dnb.de abrufbar.

Print: ISBN 978-3-648-10424-8 Bestell-Nr. 10246-0001
ePub: ISBN 978-3-648-10425-5 Bestell-Nr. 10246-0100
ePDF: ISBN 978-3-648-10426-2 Bestell-Nr. 10246-0150

Lydia Schültken, Michael Tomoff, Patrick Baumann,
Céline Iding, Stefan Decker, Rainer Kruschwitz, Markus Mathar
workhacks
1. Auflage 2017

© 2017 Haufe-Lexware GmbH & Co. KG, Freiburg
www.haufe.de
info@haufe.de
Produktmanagement: Anne Rathgeber

Lektorat: Lektoratsbüro Peter Böke, Berlin
Satz: kühn & weyh Software GmbH, Satz und Medien, Freiburg
Umschlag: RED GmbH, Krailling
Druck: BELTZ Bad Langensalza GmbH, Bad Langensalza
Grafik: Klaus Lutsch, DUOTONE Medienproduktion

Inhaltsverzeichnis

Vorwort

Workhacks sind eine Revolution. Eine leise Revolution. Als minimalinvasive Eingriffe in die Zusammenarbeit und die Organisation von Teams entfalten sie mehr Wirkung als jedes verordnete Change-Programm. Agil, selbstbestimmt und nachhaltig.

Warum das nötig ist? Weil mehr und mehr die Veränderungsfähigkeit von Unternehmen über ihren Erfolg entscheidet. Dafür sind aber leider nur die wenigsten Unternehmen hierzulande gerüstet. Kaum ein Unternehmen trainiert den Umgang mit permanenter Veränderung. Zwar rufen die Unternehmensführer und Manager nach mehr Agilität, Innovation und Kundenorientierung, aber was das heute und morgen konkret in einer Marketing-, Forschungs- oder Vertriebsabteilung heißen soll, bleibt meist ein Rätsel.

Aber nicht nur der Markt fordert Veränderungsfähigkeit. Auch die Mitarbeiter selber sehnen sich nach besserer Zusammenarbeit und respektvollem, wertschätzendem Umgang. Nicht erst seit der Generation Y, den Millennials, Digital Natives oder wie immer man die junge Mitarbeiterschaft nennen möchte, die so viel Wert auf ein gutes Klima, Abwechslung, Mitsprache und Sinnerfüllung legt. In den großen Konzernen und im bedeutenden deutschen Mittelstand steht man diesen Wünschen und Anforderungen noch immer eher hilflos gegenüber.

Die Antworten der letzten zwei Jahrzehnte waren und sind aufwendige Change-Management-Programme, neuerdings als »Transformation!« bezeichnet. Zudem bevölkern vor allem exklusive Entwicklungsprogramme für Führungskräfte die internen Weiterbildungskataloge: Dort wird analysiert, reflektiert und Rollenspiel betrieben. Diesen Programmen lagen zwei Hypothesen zugrunde. Erstens: Veränderung ist das Ergebnis hinreichender Analysen der Ist-Situation und daraus resultierender Programme für die Soll-Konzeption. Zweitens: Die Führungskräfte spielen dabei eine besonders wichtige Rolle.

Und weil Planungssicherheit für das Management so wichtig ist, soll auch die Veränderung selbst geplant und durch individuelle Konzepte sichergestellt werden. Es ist dann die Funktion der Führungskräfte, die Veränderungskonzepte »auszurollen«, sprich: sie herunterzubrechen in den Abteilungen.

Soweit die bisherige Theorie. Was geschieht aber, wenn sich Verhaltensänderungen nicht über den ersten Schritt hinaus planen lassen? Müssen wir nicht anerkennen, dass Unternehmen als soziale Systeme zu komplex sind, dass sie heute innerlich und äußerlich zu vernetzt funktionieren, als dass wir eine Veränderung des ganzen Systems von oben planen könnten? Mit anderen Worten: Sollten wir uns nicht längst daran gewöhnen, dass wir die Veränderung von Unternehmen immer nur punktuell und in kleinen Schritten planen können? In der Tat: Wenn Change-Management nicht mehr und nicht weniger bedeutet, als dass menschliches Verhalten verändert werden soll, wird der Ausgangspunkt immer der einzelne Mensch in seinem Kontext sein müssen. Und dazu müssen wir genau hinschauen, *warum und wann* Menschen *in ihrer jeweiligen Arbeitsumwelt* überhaupt ihr Verhalten ändern.

Heißt das, wir sollten die Belegschaft abstimmen lassen, wie sich die Firma verändern soll?

Leider nein: ausgehandelte Redezeiten, endlose Meeting-Marathons und Abstimmungen, bei denen bis zu 49 % der Stimmen verlieren können, machen es auch nicht besser. Auch diese demokratisch anmutende Scheinlösung versucht ja die große Strategie für alle.

> Wir haben die Erfahrung gemacht, dass die Veränderung von sowohl großen als auch kleinen Unternehmen im Ganzen nicht planbar ist. Zu viele Variablen bedingen sich gegenseitig, zu viele verschiedene Bedürfnisse spielen eine Rolle. Das lässt sich durch ein einziges, übergreifendes Konzept nicht auflösen. Auch nicht durch eines, das demokratisch per Mehrheitsbeschluss zustande kommt.

Deshalb brauchen die Unternehmen ein neues Verfahren der Veränderung. Ein Verfahren, das einerseits »lokal angreift« – auf der Ebene des Mitarbeiters und seiner unmittelbaren Umgebung – und andererseits »global wirkt« – auf das ganze Unternehmen und seine Kultur.

Ein Verfahren also, welches sowohl das »kulturelle« Fernziel des Managements nach mehr Agilität, Innovation und variabler Kundenorientierung im Auge behält, als auch den einzelnen Mitarbeiter in seinem jeweiligen Arbeitskontext.

Mit *workhacks* haben wir ein Veränderungsdesign entwickelt, das diesen Ansprüchen gerecht wird und dem Mitarbeiter zudem mehr Raum gibt für Autonomie, ein wertschätzendes, respektvolles Miteinander und für die Beschäftigung mit der Frage nach der Sinnhaftigkeit seiner Arbeit.

Das Veränderungsdesign von *workhacks* beruht auf vier Prinzipien:
1. *Workhacks* verändern Arbeitsabläufe, brechen eingefahrene Routinen auf, ohne dabei irreparable Schäden zu hinterlassen. Sie ermutigen Teams zu mehr Selbstverantwortung, Effektivität, Innovation und manchmal nur zu besserer Zusammenarbeit.
2. *Workhacks* werden nicht von oben angeordnet. Jedes Team und jede Abteilung kann die Veränderung für sich entscheiden – statt Befehlsverweigerung zu provozieren, machen *workhacks* Lust auf die Veränderung.
3. *Workhacks* werden als Experimente eingeführt und konsequent wieder abgeschafft, wenn sie nicht hilfreich sind. Sie werden aber auch konsequent weitergeführt, wenn sie hilfreich sind.
4. *Workhacks* können schnell eingeführt werden – ohne langwierige Vorstandsentscheide, ohne Soll-Ist-Analysen, ohne systemische Strategieberatung. Sie sind praktisch und intelligent zugleich.

Dieses Buch stellt die »Mechanik« von *workhacks* vor. Systematisch – worauf sie beruhen, wie sie funktionieren, was man beachten muss – und anschaulich: durch sechs Kurzgeschichten aus der Arbeitswelt, die jeweils einen speziellen *workhack* präsentieren (Kapitel 1 bis 6). Warum Geschichten? Weil wir an die Macht der Erzählung glauben. Nichts ist so langweilig wie eine Bedienungsanleitung, also schreiben wir keine. Warum nur sechs? Weil wir hoffen, dass der Leser die Methodik oder Mechanik in den workhacks erkennt und inspiriert wird, selbst welche zu erfinden: ebenso minimalinvasiv, praxisnah und mit großer Hebelwirkung wie die vorgestellten workhacks.

Workhacks können unabhängig vom Erfinder eingesetzt werden – es gibt keine Zertifizierung ohne die man nicht loslegen kann. Es ist kein geschlossenes System, sondern eher wie eine Art *open source code*. Er steht allen zur Verfügung, und wer ausreichend Energie, Kraft und Zeit hat, kann die workhacks gut selbst einsetzen. Wer sich begleiten lassen will und unser Erfahrungswissen nicht missen möchte, findet uns auf www.workhacks.de.

Die Autorinnen und Autoren

Wenn ich »wir« sage, meine ich ein Schreibteam, das aus sieben Autoren besteht. Das sind alles Leute aus der Praxis, die selbst *workhacks* einsetzen und immer wieder neue Arbeitstechniken in Teams ausprobieren. Sie kommen aus sehr unterschiedlichen Arbeitsverhältnissen und Arbeitsfeldern: angestellt, selbstständig, als Interims-Manager, Berater oder Teammitglied. Dieses Buch wäre ohne sie niemals so facettenreich geworden:

Michael Tomoff ist Diplom-Psychologe, arbeitet als Trainer, Berater und systemischer Coach in und für Organisationen, hat an der University of California in Berkeley Positive Psychology studiert und bildet Mitarbeiter in Unternehmen zu Leuchttürmen der Corporate Happiness® aus. In seinem Blog »Was Wäre Wenn« geht er währenddessen schreibend seinen Leidenschaften nach und gibt Impulse – die man teilweise auch als *workhacks* bezeichnen kann – zu einer Vielzahl von Themen wie Dankbarkeit, Komplimenten, dem Nein-Sagen, Grenzensetzen oder auch der stärkenfokussierten Führung.

Patrick Baumann hilft seit zehn Jahren meist kleinen Unternehmen als Freelancer im Online-Marketing, verfolgt eigene Geschäftsprojekte wie einen Billardsalon in Berlin und schreibt Bücher. Seine Verbindung zu *workhacks* besteht darin, permanent sich selbst und seine Arbeitsweisen zu hinterfragen und zu verbessern. Er experimentiert mit Produktivitätstechniken oder Ernährungsmethoden und hat als einer der ersten »digitalen Nomaden« in Deutschland seine Abhängigkeit von Orten und materiellem Besitz radikal zurückgedreht.

Céline Iding ist immer auf der Suche nach spannenden Herausforderungen und findet sie: als Projektkoordinatorin während ihres Studiums der Wirtschaftskommunikation, in der Kommunikationsarbeit in Beratungen und Start-ups oder als Softskills-Trainerin. Mit Jahrgang 1993 sieht sie sich als Teil einer Gruppe von jungen, ambitionierten Menschen, die anders arbeiten wollen: global vernetzt, eigenständig, produktiv und in einem positiven Umfeld – und nutzt und entwickelt dazu *workhacks* aktiv in den Teams, in denen sie arbeitet.

Stefan Decker ist davon begeistert, immer wieder effizientere Arbeitsabläufe und Möglichkeiten der Zusammenarbeit zu finden. Nachdem er die alte Arbeitswelt als Consultant bei Ernst & Young kennenlernen konnte, hat er sich voll und ganz der Start-up-Welt verschrieben. Als Mitgründer eines Mobile-Start-ups (stylemarks, Verkauf an juniqe in 2014) und einer Lifestyle-Marke hat er die Freiheit, laufend neue *workhacks* zu entwickeln und zu testen. Außerdem arbeitet er als Freiberufler in kleinen Unternehmen und hat so die Möglichkeit, immer wieder ungefiltertes Feedback zur Wirksamkeit einzelner Methoden zu sammeln und diese weiterzuentwickeln.

Rainer Kruschwitz ist Interims-Manager und Organisationsentwickler. Er betreut Teams in Zeiten des Umbruchs und in Krisen. Seit 25 Jahren begleitet er digitale Innovationen in Unternehmen aller Größenklassen – vom Start-up bis zum Konzern. Seit zwölf Jahren weiß er, dass man seine Arbeitsweise als agil und lean bezeichnet. Und er ist schon immer überzeugter Anwender von dem gewesen, was wir jetzt *workhacks* nennen. Auch bei seiner eigenen Agentur Neofonie Mobile waren es diese vielen kleinen Methoden gepaart mit der Offenheit für Experimente und der kontinuierlichen Bereitschaft zum Lernen, die das Team zum Erfolg geführt hat bei Projekten wie der Bild-Zeitung, Welt, FAZ, SZ, den Berliner Philharmonikern und vielen anderen.

Markus Mathar arbeitet als freier Trainer und Berater auf den Gebieten Projektmanagement, Innovations-Coaching, Digitalisierung und Künstliche Intelligenz. Er hat Physik, Philosophie, Computerlinguistik und Didaktik studiert und nie aufgehört, über Technik, Sprache, Denken und Lernen zu grübeln. Fragt man ihn, was er im Tiefsten seiner Seele ist, dann sagt er: »Vermittler! Ich erarbeite mir Techniken und Wissen und gebe das dann weiter. Ganz einfach eigentlich.« Beruflich tätig war er vor allem in der IT- und Telekommunikationsbranche, zuletzt zum Thema »Enterprise 2.0«. Als er das erste Mal vor einem Jahr vom Prinzip der *workhacks* hörte, konnte er gar nicht fassen, wie einfach und explosiv diese Idee ist. Er spricht seitdem mit jedem darüber.

Lydia Schültken ist die Hauptautorin und Initiatorin dieses Buchs. Zudem ist sie die »Erfinderin« von *workhacks* und zu finden auf: www.workhacks.de
Sie arbeitet seit zehn Jahren als selbstständige Beraterin, hat viele digitale Unternehmen und Start-ups beraten und ist mit Feuereifer dabei, gelungene Instrumente für den Kulturwandel zu finden. Diese findet und erfindet sie mit viel gesundem Menschenverstand – besonders inspiriert durch Erkenntnisse aus Verhaltenspsychologie, Neurobiologie, Positiver Psychologie, agilem Management, Design Thinking, Lean-Start-up und Selbstorganisation. Sie sieht den Schlüssel für echte Veränderung in der Entwicklung neuer, besserer Routinen. Sie weiß selbst, wie schwer es ist, neue Routinen anzunehmen, und unterstützt Teams dabei, geeignete Routinen für sich zu finden und auch dann dranzubleiben, wenn es anfängt, schwer zu werden. Sie ist Unternehmerin mit Leib und Seele, denn: »Machen ist wie wollen, nur krasser.«
In der Entstehung des Buches haben wir selbst auf gute Teamarbeit geachtet und regelmäßig »hacks« eingesetzt. Das hat uns inhaltlich und als Gruppe sehr gut getan. So haben wir beispielsweise besprochen, wie wir mit Schreibblockaden umgehen, und sind auf den »write or nothing«-Hack gestoßen, den einige von uns oft und gern genutzt haben. So ist auch dieses Buch mit guten »hacks« viel besser geworden, und wir hatten viel Freude daran, unsere »hack«-Mentalität auf das Schreiben anzuwenden.

Wir hoffen, dass man aus den Kurzgeschichten heraushören kann, wie viel Freude uns die Arbeit an diesem Buch gemacht hat.

So ist das Buch aufgebaut

Es gibt verschiedene Möglichkeiten, ein Sachbuch zu schreiben. Wir haben uns entschieden, ein Buch so zu schreiben, dass wir es selber gerne lesen würden: unkompliziert, frisch und wie ein belauschtes Gespräch.

Deswegen beginnen wir mit einer Einführung in Form eines Gesprächs. Darin erfahren Sie, woher *workhacks* kommen und wie sie funktionieren. In diesem Gespräch sind sechs Kurzgeschichten eingeflochten, die jeweils einen *workhack* in den Mittelpunkt stellen (Kapitel 1 bis 6). Dabei geht es nur selten darum, die innere Mechanik der einzelnen *workhacks* zu erklären – oft gibt es da nicht viel zu sagen, so minimalistisch wie *workhacks* sind.

Uns geht es vor allem um die Praxis: Was kann schiefgehen, worauf muss man achten, welche Einwände gibt es, mit welchen Rückschlägen muss man rechnen? Unsere Protagonisten sind auch keine Angestellten mit Superkräften, sondern gewöhnliche Beschäftigte in einem von uns ausgedachten Unternehmen: der Krageltec GmbH. Das ist eine klassische deutsche, mittelständische Maschinenbaufirma, inhabergeführt in der dritten Generation mit 637 Mitarbeitern. Wie viele Mittelständler heute steht sie unter großem Innovationsdruck. Die *workhacks* werden in unterschiedlichen Abteilungen der Krageltec GmbH eingeführt und ihr Einsatz in einem lebendigen Unternehmensumfeld erläutert.

Nach jeder Kurzgeschichte nehmen wir unser (fiktives) Gespräch wieder auf und reflektieren unsere Erfahrungen mit dem jeweils vorgestellten *workhack*. Anschließend erhalten Sie eine Kurzübersicht mit wichtigen Hinweisen zum jeweiligen *workhack*.

Ein Gespräch zur Einführung: Wirksame Transformation an der Basis

Das folgende fiktive Gespräch reflektiert die häufigsten Fragen rund um *workhacks* seit ihrer Erfindung. Die Antworten werden von Lydia Schültken gegeben.

Wenn man workhacks in zwei Sätzen erklären müsste, wie würden diese lauten?

Ein *workhack* ist eine erprobte, minimalinvasive Regel oder Methode, um die bestehende Zusammenarbeit und die Arbeitsergebnisse zu verbessern. Mit ihm helfen wir, ungünstige Verhaltensmuster und Routinen zu unterbrechen, und zeigen Teams spannende und unterhaltsame Alternativen zu eingefahrenen Arbeitsabläufen.

Und was genau ist der »hack« daran? Warum heißt es nicht einfach »Methode«?

Mir gefällt der Wikipedia-Eintrag zum Thema »Hack«: »Tüfteln im Kontext einer verspielten selbstbezüglichen Hingabe im Umgang mit Technik wird Hacken genannt; eine Art einfallsreiche Experimentierfreudigkeit (»playful cleverness«) mit einem besonderen Sinn für Kreativität und Originalität (»hack value«).«

Workhacks sind genau solche einfallsreichen und originellen Methoden, die Zusammenarbeit und Arbeitsergebnisse von Teams verbessern können. Das »Hackige« dabei ist auch, dass der Einsatz von *workhacks* nicht einhergeht mit unternehmensweiten Change-Prozessen, inklusive monatelanger Analysen. Nein, *workhacks* werden einfach eingesetzt, jetzt, heute. Teams können sich von einem *workhack* begeistern lassen und ihn bereits am nächsten Tag in ihrer Arbeit ausprobieren.

Workhacks sind kleine Anschubser für Veränderungen. Das habe ich verstanden. Aber müssen wir immer überall verändern, überall verbessern, ist das wirklich nötig? Wir optimieren uns doch schon fast zu Tode.

Ja, bei den Produkten und Prozessen mag das stimmen. Aber in der Zusammenarbeit ist es ja nicht so, dass diese immer weiter verbessert wird. In vielen Konzernen, Behörden und auch im Mittelstand arbeiten wir seit Jahrzehnten unverändert miteinander. Eine systematische Verbesserung der Zusammenarbeit wird dort selten in Angriff genommen. Dabei gibt es viele gute Methoden, die durch Praxistests wieder und wieder bestätigt wurden.

Was mich immer wieder erstaunt, ist, dass richtig gut funktionierende Methoden nicht konsequenter eingeführt werden, und zudem, dass so wenig von wirklich großartigen Teams gelernt wird. Die sind ja nicht zufällig großartig. Ganz im Gegenteil: Sie tun sehr viel dafür. Häufig intuitiv und wenig bewusst – dennoch mit sehr guten Ergebnissen.

Welche Unternehmen können denn davon profitieren? Gibt es spezifische Branchen oder Unternehmenssituationen?

Workhacks sind nicht branchenspezifisch, jede Branche kann sie einsetzen. Ihr Effekt ist so grundsätzlich, weil sich die Qualität von Zusammenarbeit, egal in welcher Branche, immer auch auf die Qualität der Arbeitsergebnisse auswirkt. Das kann in der Forschung und Entwicklung sein, in der Marketingabteilung, im Bereich Personal, im Vertrieb, in allen Kreativbereichen, in allen Projektstrukturen. Wir haben auch schon *workhacks* im Bereich Rechnungswesen und Controlling eingesetzt. Auch wenn man sagen muss, dass dort natürlich viel Routine herrscht und deshalb nur manche *workhacks* wirklich Sinn machen. Ungeeignet sind sie für Arbeitsabläufe, die stark durchgetaktet sind und bei denen wenig im Team gearbeitet wird. Wenn es wenig bis keinen Spielraum für Ideen und Veränderung gibt, können auch *workhacks* nicht greifen.

Nochmal grundsätzlich und weil ja jede Unternehmensberatung behauptet, etwas zu bewirken, zu verändern: Gibt es denn nicht schon genug Angebote, die Unternehmen helfen sollen? Was ist das Besondere an workhacks?

Ja, es gibt tatsächlich eine Menge Angebote. Viele davon sind auch sehr gut. Was uns anders oder besonders macht, ist Folgendes:

1. Bei workhacks geht es um die nachhaltige Veränderung von Routinen, die sich eingeschlichen haben, aber nicht mehr hilfreich sind. Wir haben uns

daher intensiv mit Verhaltensveränderung und Routinen beschäftigt. Eine Routine zu verändern, ist sehr hart. Jeder, der das schon einmal versucht hat, weiß das. Ernährungsumstellungen, regelmäßiges Training oder die Aufgabe des Rauchens sind bekannte Alltagsbeispiele. Den Wenigsten gelingt eine Verhaltensumstellung in diesem Bereich im ersten Anlauf und ganz allein – dafür braucht man schon eine gehörige Portion Willenskraft. Wir haben workhacks so konzipiert, dass der Einzelne nicht so furchtbar viel Willenskraft braucht. Es sollen ihm möglichst wenig Steine im Weg liegen. Das beginnt damit, dass ein Team oder eine Abteilung sich ihren Veränderungsbereich selbst aussucht und ihn nicht von oben verordnet bekommt. Zudem haben viele unserer workhacks einen spielerischen und kreativen Anteil, der einladend wirkt und motiviert, sofort damit anzufangen. Wir wenden uns nicht an den Einzelnen, sondern immer an ein Team, damit sich die Mitglieder gegenseitig erinnern. Schließlich thematisieren und reflektieren wir regelmäßig die Veränderung.

2. Viele Unternehmen wollen einen Kulturwandel. Die junge Generation fordert mehr Freiraum und Selbstverwirklichung, Der Führungsstil »command and control« ist nicht hilfreich, wenn man die Kundenorientierung verbessern oder Innovationen einführen will. Mitarbeiter wollen generell stärker in Entscheidungen einbezogen werden. Die Frage ist immer nur: Wie findet man den Einstieg? Was kann im Unternehmen konkret und pragmatisch verändert werden? *Workhacks* geben darauf Antworten. Sie können einfach in jedem Team eingesetzt werden – ohne großen gesamtunternehmerischen Change-Prozess – und dennoch gibt es einen Rahmen mit *workhacks*, denn es sind ja nicht unendlich viele, sondern wir bieten derzeit 25 *workhacks* an. Zur Verdeutlichung: Im Unterschied zu den üblichen Change-Ansätzen wirken *workhacks* lokal, im jeweiligen Teamkontext. Und erst dann firmenübergreifend. Also vom Kleinen ins Große, nicht umgekehrt.

3. Wir verstehen uns nicht nur als Berater, sondern vor allem auch als Researcher – wir suchen unermüdlich in Theorie und Praxis nach guten Wegen, die Zusammenarbeit produktiver, agiler, reflektierter und befriedigender zu gestalten. Das klingt jetzt vielleicht nur nach einem neuen Buzzword: »Researcher« statt »Consultant«. Die eklatante Differenz liegt aber in der Offenheit, sprich: in der grundsätzlichen Bereitschaft, unerwartete Erkenntnisse nicht als Fehler zu brandmarken, sondern im Gegenteil willkommen zu heißen. Das ist es, was wir mit unserer For-

schermentalität meinen. Wir führen mit vielen Mitarbeitern immer auch Interviews und fragen sie danach, wie sie neue Methoden und Instrumente für Zusammenarbeit und moderne Führung finden. Die Antwort ist meist, dass sie dafür bedauerlicherweise zu wenig Zeit haben und auf die Recherche nach neuen Arbeitsmethoden häufig als Erstes verzichtet wird. Deshalb suchen und finden wir diese Instrumente, entschlacken und prüfen sie. Mittlerweile haben wir ein sehr gutes Gespür dafür, was ein *workhack* ist und was nicht.

4. Die Anwendung von *workhacks* schult die Teilnehmer automatisch, Probleme genauer zu definieren und selbst passgenaue Lösungen dafür zu finden. Am Anfang helfen wir am besten, indem wir selbst viele *workhacks* mitbringen und dadurch inspirieren. Aber mit der Zeit machen die Teilnehmer ihre Erfahrungen mit den *workhacks* und können ihre Probleme auch selbst »hacken«. Es geht ja letztlich darum, die Ursache für ein schlechtes Muster zu finden und dieses Muster zu unterbrechen. Wenn man das in der Praxis immer wieder anwendet, kommt man selbst auf kreative Lösungen. Auch hier besteht also ein deutlicher Unterschied zu vielen Beratungskonzepten: *Workhacks* machen die Anwender selbstständiger, nicht abhängiger.

Wie habt ihr denn die workhacks gefunden?

Wir haben uns in den letzten zehn Jahren mit Themen wie Digitalisierung, Demokratisierung, Lean-Start-up, Design Thinking, Holacracy, SCRUM, Service Design, agiles Management, Selbstorganisation und Transformation beschäftigt. Zudem haben wir uns in der Positiven Psychologie, Neurobiologie, Soziologie und Verhaltensforschung umgesehen und gelernt, welche Aspekte bei Veränderungen hilfreich sind und was Veränderung eher verhindert.

Dann haben wir uns neben der Theorie natürlich auch die Praxis angeschaut und viele Start-ups, Agenturen und Unternehmen zum Thema Zusammenarbeit und »New Work« beraten. Und dabei haben wir erkannt, dass es einige wenige Instrumente gibt, die Teams sehr schnell sehr viel besser machen. Wir haben gesehen, wie manche High-Performer-Teams selbst ihre Zusammenarbeit »hacken« und stetig verbessern. Und wir haben Teams getroffen, bei denen es keine oder zumindest fast keine Eitelkeiten gibt, die sich sehr klares

Feedback geben, ihre Stärken kennen und nutzen, Konflikte schnell und lösungsorientiert ansprechen und sehr viel Spaß an der Zusammenarbeit haben.

Wir haben dann immer gefragt: Was genau macht ihr? Wie geht ihr vor? Welche Methode setzt ihr ein? Lässt sich diese übertragen? Wenn ja, was davon genau? Und so weiter.

Wir haben die vorgefundenen und unsere eigenen Instrumente reflektiert und entschlackt, bis das Wesentliche übrigblieb. Und daraus sind dann nach und nach unsere *workhacks* entstanden.

Wir haben von allen wirksamen Methoden nur das Beste genommen, die Konzentrate: radikal einfach – radikal reduziert.

Zu welchen Themen habt ihr denn workhacks entwickelt? Das war ja bestimmt nicht einfach wahllos?

Nein, das war es nicht. Wir haben uns gefragt, welche Verhaltensweisen oder Probleme uns immer wieder begegnen, die gute Zusammenarbeit und/oder gute Arbeitsergebnisse verhindern. Dabei hat sich folgende Liste entwickelt:

- zu wenig Vertrauen
- Angst vor Konflikten
- beschweren statt verändern
- Mangel an Innovationskraft
- vernachlässigte Kundensicht
- Hierarchie schlägt Argument
- Ego-getriebene Diskussionen

Auch bei diesen relativ großen und eher »weichen« Problemen haben wir uns gefragt, wie man mit einem einzigen Instrument gegenarbeiten kann. Und wir haben tatsächlich Instrumente gefunden, die das schaffen.

Natürlich sind wir nicht die Einzigen, die diese Problemkreise sehen. Im Beratungsmarkt erleben wir da zwei Pole, die ziemlich weit auseinanderliegen. Am einen Ende die großen Beratungshäuser, die mit relativ standardisierten Ideen an die Veränderung von Unternehmen herangehen und die den unterschiedlichen Bedürfnissen von Teams wenig Beachtung schenken. Und dann geht es beim Einsatz von großen Beratungshäusern auch meist um effizientere Geschäftsprozesse, so dass die sozialen Prozesse weit weniger Beachtung finden. Den anderen Pol stellen kleinere Beratungen dar, die häufig sehr individuell vorgehen und die Meinung vertreten, es gäbe überhaupt keine übertragbaren Lösungen. Insbesondere die systemischen Beratungen haben große Vorbehalte gegen das Kopieren von guten Rezepturen.

Workhacks stellen eine Alternative zu den beiden Polen dar oder besser gesagt, sie verbinden diese Pole. Einerseits geben sie mit der getroffenen Vorauswahl der Instrumente einen klaren Rahmen für die Veränderung vor und gleichzeitig erlauben sie dem Kunden, die für ihn richtige Wahl zu treffen – inhaltlich und auch vom Tempo her. So kann beispielsweise die Vertriebsabteilung jeden Monat einen *workhack* einführen und die Marketingabteilung nur alle drei Monate einen *workhack*. Das System ist extrem flexibel und kundenorientiert bei gleichzeitiger Strenge, da die *workhacks* einzeln betrachtet sehr präzise und ritualisiert sind.

Gibt es eigentlich Kriterien für die workhacks? Oder nehmt ihr einfach alles, was funktioniert?

Oh ja, wir haben durchaus Kriterien und eine Grundphilosophie. Das ist aber ganz einfach: Wir haben uns gefragt, was jemand eigentlich braucht, um gute Arbeit leisten zu können und dauerhaft motiviert zu sein. Die Forschungsergebnisse von Daniel H. Pink sind dafür sehr aufschlussreich. Sie besagen im Wesentlichen, dass
1. Menschen eine gewisse Autonomie brauchen und in ihrem Kompetenzfeld Entscheidungen treffen wollen,
2. Menschen Teil einer größeren Sache sein wollen, die einen Sinn stiftet,
3. Menschen sich in dem, was sie tun, weiterentwickeln und verbessern wollen.

Außerdem haben wir uns in verschiedenen Zusammenhängen mit den Themen Lernen und Reflexion beschäftigt, und da spielt Angstfreiheit eine große Rolle. Unsere Arbeit basiert auf der Überzeugung, dass
4. Menschen eine angstfreie Atmosphäre brauchen, um in produktive und kreative Denkprozesse zu kommen.

Diese vier Voraussetzungen für Motivation und gelungene Zusammenarbeit leiten uns beim Auffinden und Ausarbeiten der *workhacks*, und es ist diese Wertebasis, aufgrund derer wir die *workhacks* immer wieder reflektieren. Dabei gibt kein *workhack* eine Garantie für eine Verbesserung. Wenn man sie nur zur Verschönerung der Fassade benutzt, sind sie wirkungslos. Alle Beteiligten benötigen schon ein bisschen Offenheit für Veränderungen – auch bei sich selbst.

Viele Unternehmen wollen ihre Mitarbeiter bei Veränderungen stärker einbeziehen, sorgen sich aber gleichzeitig vor Kontrollverlust und demokratischen Endlosschleifen. Wie geht ihr damit bei workhacks um?

Es ist für viele Führungskräfte eine echte Herausforderung, das richtige Maß an Mitbestimmung zu finden. *Workhacks* liefern da eine ganz charmante Lösung: Es wird nicht das Unternehmen adressiert, sondern immer nur das Team. Die besten Chancen für Veränderung bieten sich immer in der konkreten Zusammenarbeit von Teams – das können Abteilungen sein oder Projektgruppen. Auch die Wahlfreiheit spielt aus unserer Sicht eine große Rolle. Daher wählen die Teams oder Abteilungen ihre *workhacks* selbst – gemeinsam mit der Führungskraft, aber jeder hat eben nur eine Stimme. Wir haben die Erfahrung gemacht, dass die Teams dann sehr gewissenhaft und treffsicher die Angebote wählen, die ihnen wirklich helfen. Und sie sind, gerade weil sie selber gewählt haben, in viel höherem Maße bereit, auch die Verantwortung für die Umsetzung zu übernehmen.

Die *workhacks* sind sorgfältig entwickelt, praxiserprobt und verkörpern den gleichen Geist. Das macht es leicht, die Entscheidung über die Auswahl der *workhacks* an die Teams abzugeben. Es gibt keine schlechte Enscheidung. Zudem werden nur workhacks angeboten, die nicht den vorhandenen Unternehmensprozessen widersprechen.

Wie gesagt: Die Auswahl durch das Team hat den enormen Vorteil, dass wir die Selbstverantwortung für die Umsetzung stärken. Das erhöht die Motivation, neue Arbeitsformen und Innovationen auszuprobieren, ungemein. Die Lösung steckt sozusagen in den Teams selbst, weil sie intuitiv die richtigen Instrumente wählen. Wir bieten also nur das Buffet an Möglichkeiten an, weil wir glauben, dass die wenigsten Menschen einen Überblick über die Instrumente haben, die wir in jahrelanger Arbeit gesammelt und erprobt haben.

In den Medien ist häufig zu lesen, dass Mitarbeiterinnen und Mitarbeiter jetzt und in Zukunft andere Kompetenzen mitbringen müssen als noch vor wenigen Jahren. Auch die Führungsarbeit verändert sich gerade rasant. Wie reflektiert ihr das?

Das ist ein guter Punkt. Darüber machen wir uns viele Gedanken. Der Eindruck, der sich immer weiter vertieft, ist, dass wir als Arbeitsgesellschaft sehr darauf fokussiert sind, den technologischen Wandel im Griff zu behalten. Durch den digitalen Wandel werden verstärkt Prozesse digitalisiert, Daten analysiert und interpretiert und die Kommunikation automatisiert. Die Aufmerksamkeit dafür ist groß und die Anstrengungen dahingehend sind enorm.

In den meisten Unternehmen ist auch angekommen, dass der technologische Wandel Auswirkungen auf das Thema Führung und Zusammenarbeit hat.

In der Unternehmenspraxis oder auch in den Hochschulen werden neuere Erkenntnisse zu Fragen der Zusammenarbeit aber erstaunlich selten thematisiert und reflektiert. Wenn wir beispielsweise Projekte in Hochschulen durchführen, sprechen wir immer wieder explizit über mögliche Formen der Zusammenarbeit und probieren neue Arbeitstechniken aus. Beispielsweise bieten wir für die Bearbeitung von Aufgaben zwei Räume an: einen Raum, in dem gesprochen werden darf, und einen Raum, in dem es still ist. So werden wir den extro- und introvertierten Bedürfnissen gerecht – mit einem sehr einfachen Mittel. Auf eine solche kleine Veränderung erhalten wir viel positives Feedback. Die überraschten Gesichter der Studierenden zeigen uns, wie selten sie mit solchen Ideen konfrontiert werden, und wir machen leider auch die Erfahrung, dass selbst die Studierenden nicht auf die Idee kommen, solche Veränderungen von sich aus vorzunehmen.

Die gleiche Erfahrung machen wir in Unternehmen. Alle wissen, dass Teamarbeit wichtig ist, dass unterschiedliche Fähigkeiten bereichernd sind und »man agiler arbeiten müsste«. Nur fehlen Erfahrungen und der Methodenkoffer.

Schauen wir nun in die Praxis. Mit der ersten Kurzgeschichte besuchen wir die Krageltec GmbH, die dem Thema *Fokus bei der Arbeit* gewidmet ist.

1 Workhack Fokuszeit

von Stefan Decker

1.1 Kurzgeschichte: Zeitinseln für konzentriertes Arbeiten

Das Meeting

»Komm schon, komm schon, komm schon.« Carls Uhr zeigte 10:58 Uhr, er war mal wieder spät dran. Wieso musste dieser verdammte Drucker nur so unglaublich langsam sein? Eilig riss er den Report der letzten zwei Wochen aus dem Druckerschacht und sprintete Richtung Meetingraum. Gerade noch rechtzeitig stürzte er durch die Tür und steuerte auf einen der letzten freien Plätze zu. Der Rest der Vertriebsabteilung war schon da, aber niemand beachtete ihn. Alle blätterten nervös durch ihre Berichte oder starrten gedankenverloren an die Decke. Wie schon in den letzten Abteilungsmeetings war die Stimmung spürbar angespannt.

»Mein Morgen war bisher nicht sehr erbaulich, ich hoffe für Sie, dass Sie auf Ihren netten Zettelchen etwas stehen haben, das meine Stimmung hebt. Herr Bergmann, fangen Sie doch bitte an.« Carl spürte, wie seine Hände feucht wurden. Was er da in den Händen hielt, war zwar nichts, was dem Vertriebsleiter Kappel den Morgen endgültig versauen würde, hatte aber auch nicht gerade das Potenzial, ihm Freudentränen in die Augen zu treiben. Er war knapp an seiner Zielvorgabe vorbeigeschrammt, wie schon so oft in den letzten Monaten. Bemüht sachlich trug er seine Verkaufszahlen und wichtigen Neuigkeiten vor. Die meisten im Raum guckten beschämt auf ihre Unterlagen, er spürte aber auch einige mitleidige Blicke. »Na gut, nächster Versuch. Herr Gerber, bringen Sie mich zum Lächeln.«

Wenn Carl mit etwas nicht klarkam, dann war das Enttäuschung. Einen Anschiss konnte er ganz gut verdauen, er hatte lange genug in einem Callcenter als Klinkenputzer gearbeitet, um mit Missbilligung und sogar kreativen Beleidigungen umzugehen. Aber dieser enttäuschte Blick von Herrn Kappel erzeugte bei ihm einen Kloß im Hals. Er hatte ihn im letzten Jahr viel zu oft geerntet und das war er nicht gewohnt. Seit er vor sieben Jahren bei der Krageltec GmbH als ambitionierter Neuling eingestiegen war, hatte er den Ruf, Kühlschränke am Nordpol verkaufen zu können.

Doch in den letzten Monaten hatte sich die Lage geändert. Wo er vorher noch mit seinem Charme und Verkaufstalent punkten und auch größere Bestellungen schneller eintüten konnte als jeder andere, wurde er jetzt immer häufiger vertröstet. »Wir holen uns noch ein paar andere Angebote rein und kommen dann auf Sie zurück« war einer dieser Sätze, die ihm schlaflose Nächte bereiteten.

Das Schlimme war, dass er die Kunden verstehen konnte. Die Nachbauten aus China, anfangs wegen ihrer mangelhaften Qualität firmenintern noch als Einwegkragel verspottet, standen aber mittlerweile den echten Krageln in puncto Langlebigkeit und Verarbeitung nicht mehr viel nach. Und das zu einem deutlich niedrigeren Preis.

Was die Qualität anging, war Krageltec zwar immer noch unangefochtener Spitzenreiter. Das war den meisten Kunden den Aufpreis aber nicht wert. Lediglich in Einsatzgebieten, bei denen es um allerhöchste Präzision und Belastbarkeit ging, hatten sie weiterhin nichts zu befürchten. Ein solcher Bereich war das neue, unter Maschinenbauern extrem gehypte Segment der Hubdremel-Maschinen. Dass Krageltec hier noch nicht Fuß gefasst hatte, lag schlicht und einfach daran, dass in der Vertriebsabteilung niemand eine Ahnung hatte, wie diese Maschinen funktionierten, welche Bedürfnisse die entsprechenden Hersteller hatten und deshalb nicht klar war, wie ein Angebot erstellt werden könnte. Karsten, ein alter Schulfreund von Carl, der in der Entwicklung arbeitete, hatte ihn vor einer Woche abends bei einem Bier auf diese große Marktchance hingewiesen.

»Die nutzen aktuell noch selbstproduzierte Teile, die laufend den Geist aufgeben. Mit etwas Pech fliegt denen dabei der komplette Hubdremel um die Ohren«, verkündete Karsten wild gestikulierend.

»Könnten die unsere Kragel denn so, wie sie sind, benutzen?«

»Nee, aber viel müssten wir nicht ändern. Die Kammern etwas kleiner, das Gasgemisch ein wenig abgerundet und schon passt das Ding wie angegossen. Dafür müssen wir nicht mal groß die Produktion umstellen. So einen Prototypen baue ich dir in der Mittagspause zusammen. Und ich muss dir wohl nicht erzählen, dass die Hubdremel-Nachfrage gerade durch die Decke geht, vor allem jetzt, wo die Elektroautos anfangen, sich wie geschnitten Brot zu verkaufen.«

Carl wurde durch ein lautes Rumsen aus seinen Gedanken gerissen. Herr Kappel hatte gerade einen imaginären Telefonhörer auf den Tisch geknallt und polterte:

»Die Telefone stehen nicht als Deko auf Ihrem Tisch, sondern, um damit Kunden anzurufen. Haben Sie eine Ahnung, wie ich nachher im Leitungsmeeting dastehe, wenn ich diese saumäßigen Zahlen präsentieren muss?«

So unerfreulich ging es noch eine Weile weiter. Die meisten Anwesenden waren merklich in ihrem Stuhl nach unten gerutscht und fixierten angestrengt einen Punkt irgendwo vor ihnen auf dem Tisch. Als vor ein paar Monaten die Zahlen in den Keller gerutscht waren, machten noch einige den Fehler, mehr oder weniger berechtigte Gründe wie die starke Konkurrenz oder die Marktsättigung anzuführen. Mittlerweile hatten aber alle gelernt, dass es besser war, die Schimpftiraden auszusitzen und den Kopf so weit wie möglich einzuziehen. Ironischerweise guckte Herr Kappel nach solchen Entgleisungen selbst immer etwas wie ein geprügelter Hund. Vielleicht wusste er unbewusst, dass das Problem nicht in der Faulheit der Mitarbeiter lag und durch Rumbrüllen kein einziger Kragel mehr verkauft werden würde.

Die Zahlen der anderen waren zwar größtenteils auch durchwachsen gewesen, aber Carl hatte weiterhin große Ambitionen und konnte sich mit der Rolle des Versagers beim besten Willen nicht abfinden. Während die anderen bedrückt schweigend den Meetingraum verließen, nutzte Carl Herrn Kappels Moment der Reue. »Herr Kappel, haben Sie einen Moment?«

»Wenn es sein muss«, entgegnete dieser leicht erschöpft, während er seine Unterlagen zusammensuchte. »Ich habe eine Idee, wie wir die Verkaufszahlen wieder ankurbeln können.«

Kappel blickte ihn ungläubig über den Rand seiner Brille hinweg an. In vorher sorgsam zurechtgelegten Sätzen trug Carl seinen Einfall vor, Hubdremel-Hersteller als Kunden zu gewinnen. Kappel wirkte zwar immer noch ungläubig, aber sein Interesse war eindeutig geweckt.

»Ich weiß nicht, ob das wirklich funktionieren kann. Sicher, der Markt ist interessant, aber ich weiß nicht mal, ob wir das intern bewerkstelligt kriegen. Legen Sie mir mal ein Konzept vor und dann können wir das Ganze mit der Entwicklung und Produktion abklären.«

Carl fühlte, wie sein Herz einen Sprung vor Glück machte. Er war wieder auf die Gewinnerspur zurückgekehrt. Naja, noch nicht ganz, aber zumindest war er wieder im Rennen. »Lassen Sie mir aber deshalb nicht die Verkaufszahlen für diesen Monat in den Keller gehen, so einen Murks wie heute möchte ich von ihnen nicht noch mal zu hören kriegen«, fügte Kappel mit Nachdruck hinzu.

Als er wieder an seinem Platz saß, spürte er, wie die anfängliche Euphorie einem Gefühl der Panik wich. Der zweite Satz war wie eine kalte Dusche gewesen und hatte Carl auf den Boden der Tatsachen zurückgeholt. Wie sollte er das schaffen? Seine Verkaufszahlen verbessern und gleichzeitig ein ambitioniertes Projekt vorantreiben? Was soll's, mit 100 % kommt man eben nicht weit. Er wollte es Kappel zeigen, und wenn das 120 % bedeutete, dann war er bereit, diese zu geben. Aber wieso geriet er beim Gedanken an die anstehenden Aufgaben in Panik? Tatsächlich gab es nicht nur einen Grund, sondern gleich drei: seine Frau Sibylle und die beiden gemeinsamen Kinder Marina und Johann. Mal ganz abgesehen davon, dass zu Hause sein Anteil an der Hausarbeit wartete, wären seine Kinder enttäuscht, wenn er das gemeinsame Abendessen für ein paar Wochen sausen lassen würde. Und auch seine Frau hatte wieder zu arbeiten angefangen und deshalb alle Hände voll zu tun.

»Kannst du in den nächsten Wochen vielleicht auch an meinen Tagen die Kinder aus dem Kindergarten abholen?«, fragte er Sibylle betont beiläufig, nachdem sie die Kinder ins Bett gebracht hatten. »Ich habe gerade die Rettung der Abteilung auferlegt bekommen.«

»Geht es um das Projekt, mit dem du mir seit Wochen in den Ohren liegst?«
Er nickte. »Du hast Glück, bei uns ist es gerade relativ ruhig und ich bin
flexibel. Dafür bist du dann aber bis auf Weiteres mit Geschirrdienst dran.«
Wie um sie zu ärgern, gab er ihr einen extra feuchten Kuss auf die Wange.
»Abgemacht! Du bist die Beste, danke.« Lachend schob sie ihn von sich und
wischte sich die Wange ab.

Tag 1: Ein Start mit Hindernissen

Schon auf dem Weg zur Arbeit spürte Carl eine Euphorie wie lange nicht
mehr. Nun, da Sibylle ihm den Rücken freihielt, stand dem Ganzen nichts
mehr im Weg und er fühlte sich wie ein Agent auf der Mission, die Welt zu
retten. Er war einer der ersten in der Abteilung, nur Ines, seine Lieblings-
kollegin und Julius, der Vertriebspraktikant, saßen schon auf ihren Plätzen
und blickten gedankenverloren auf, als sie ihn durch die Tür reinkommen
sahen. Nach einer knappen Begrüßung machte er sich an die Arbeit. Er hatte
ein Meeting um 9:30 Uhr wegen der neuen Verkaufspräsentationen, dann
ein Kundentelefonat um 11:00 Uhr und weitere Meetings um 15:00 Uhr und
16:00 Uhr. Jetzt war es 8:05 Uhr. Er hatte also noch fast anderthalb Stunden,
um am Konzept für die Hubdremel zu arbeiten. Allerdings musste er auch
noch zwei Angebote fertigmachen. Das würde er dann wohl irgendwie da-
zwischenschieben. Es gab keine Zeit zu verlieren. Gerade als er angefangen
hatte, die To-do-Liste für das Hubdremel-Konzept zu erstellen, klingelte das
Telefon. Es war ein Kunde mit Rückfragen zu einem Angebot, das er ihm gestern zugeschickt hatte. Als Carl den Hörer auflegte, zeigte seine Uhr 8:42. Er
wollte sich gerade wieder seiner Liste widmen, da stand Ines vor ihm. »Hast
du kurz Zeit? Ich habe ein paar Vorschläge für unser Meeting um 9:30 Uhr
vorbereitet. Wäre super, wenn du da mal mit mir drüber schauen könntest.«
Natürlich hatte er kurz Zeit. Für Ines immer. Sie hatte ihn schon so oft in
schwierigen Situationen unterstützt und deshalb mehr als einen gut bei
ihm. Außerdem fühlte er sich immer etwas geehrt, wenn seine Meinung ein-
geholt wurde. »Klar, ich komme sofort«, sagte er, merkte aber gleichzeitig
wie sein Stresspegel merklich anstieg.

Ines' Verbesserungsvorschläge waren teilweise wirklich gut, so richtig
konnte sich Carl allerdings nicht konzentrieren, da er in Gedanken beim
Hubdremel-Konzept war. Als sie durch waren, hatte sich die Abteilung bereits fast komplett gefüllt. »Dafür lade ich dich auf einen Kaffee ein«, sagte

Ines scherzhaft. 9:14 Uhr. Jetzt lohnte es sich sowieso nicht mehr, irgendwas anzufangen.

Das Meeting zog sich wie Kaugummi und er schaffte es gerade rechtzeitig für das Kundentelefonat zurück an seinen Schreibtisch. Der Kunde setzte ihn ganz schön unter Druck und er musste alle Register ziehen, um ihn davon zu überzeugen, dass die chinesischen Kragel in keinster Weise eine adäquate Alternative zu den Qualitätskrageln von Krageltec waren. Nach dem Telefonat war er regelrecht geschafft, fühlte sich aber auch gut, da es ihm gelungen war, den Kunden von der Bestellung von immerhin 100 Krageln zu überzeugen. Seine Kollegen brachen bereits in kleinen Grüppchen zum Mittagessen in die Kantine auf und auch er merkte, wie sein Magen knurrte. Immerhin hatte er heute besonders früh gefrühstückt. Also schloss er sich Ines und ein paar anderen Kollegen an und marschierte mit ihnen Richtung Hauptgebäude.

Einen Teller zerkochte Käsemakkaroni mit Tomatensoße und einen Fertigpudding später saß er wieder auf seinem Platz. 13:04 Uhr, er hatte also noch fast zwei Stunden, um sich den Hubdremeln zu widmen. Dann fielen ihm die Angebote ein. Verdammt! Damit konnte er das Hubdremel-Projekt für heute vergessen.

Er klickte auf den Senden-Button seines E-Mail-Programms und ließ sich erschöpft in den Bürostuhl sinken. Es war bereits 18:35 Uhr und er musste sich beeilen, wenn er es noch rechtzeitig zum Abendessen mit Sibylle und den Kindern schaffen wollte. Er warf einen letzten Blick auf die To-do-Liste mit der Überschrift »Hubdremel-Konzept«. Bis auf ein wenig schwarzes und blaues Gekrakel, das Carl beim Ausprobieren verschiedener Kulis hinterlassen hatte, war sie noch komplett leer.

Tag 8: Tagsüber Vertrieb, abends Hubdremel

Die letzten Tage waren der reine Horror gewesen. Jedes Mal, wenn er anfangen wollte, am Hubdremel-Konzept zu arbeiten, kam irgendetwas – oder sagen wir lieber irgendjemand – dazwischen. Ein Anruf vom Kunden, eine dringende Anfrage von Kappel und nicht zu vergessen diese verdammten Meetings! Gestern wurde dann tatsächlich auch noch der 48. Geburtstag von Klaus Gerber, einem, wie Carl fand, recht unsympathischen Kollegen, mit Kaffee, Kuchen und Gesang gefeiert. Wie konnte in dieser Abteilung auch nur ein dämlicher Kragel verkauft werden, wenn man so viel Zeit mit Unsinn verbrachte? Kein Wunder, dass die Zahlen so schlecht waren! Tagsüber, während die Abteilung voll war, hatte er absolut keine Chance, sich konzentriert dem Projekt zu widmen. Was er brauchte, war etwas Ruhe, um sich vernünftig in das Thema einzuarbeiten, aber das war in diesem Tollhaus ja nicht möglich. Also versuchte er es mit einem Doppelleben: tagsüber Vertrieb, abends Hubdremel. Nur war es leider nicht so, dass er abends noch vor Kreativität und Energie gesprüht hätte.

»Wo warst du denn so lange?«, fuhr ihn Sibylle an. »Das ist jetzt schon das zweite Mal diese Woche, dass du das Abendessen verpasst und die Kinder sind seit einer halben Stunde im Bett.«

»Sorry, habe die Zeit vergessen«, entgegnete er kraftlos.

»Ich habe keine Lust, die Kinder noch mal zu vertrösten, wenn sie fragen, wo du bleibst. Seit wann ist dir deine Arbeit wichtiger als die Familie?«, fuhr Sibylle wutentbrannt fort. »Auf dem Herd steht ein Topf mit Kartoffelsuppe«, fügte sie gefasster hinzu.

Carl war zu erschöpft, um irgendwas zu erwidern. Im Endeffekt hatte Sibylle ja Recht.

Tag 11: Die Doppelbelastung rächt sich

Er kam noch etwas früher als sonst im Büro an. Wie schon in den letzten Tagen hatte er schlecht geschlafen, war vor dem Wecker aufgewacht, aber alles andere als ausgeschlafen. Ines und Julius saßen wie immer bereits an ihren Plätzen und flöteten ihm ihr freundliches »Guten Morgen« entgegen. »Morgen«, brummte er zurück und ließ sich schwer auf seinen Platz fallen. Er klappte seinen Laptop auf und sah sofort die E-Mail der Firma Lutterstadt Komposite GmbH & Co. KG, der er gestern hastig ein Angebot hatte zukommen lassen. Bereits die Betreffzeile »Was ist da los?!« ließ Böses erwarten und reichlich negativ ging es in der E-Mail selbst weiter:

Sehr geehrter Herr Bergmann,
vielen Dank für das Angebot. Anscheinend wurde dies von Ihrem Praktikanten erstellt, anders lassen sich die rekordverdächtig vielen Fehler nämlich nicht erklären. Weder die angegebene Menge noch der Preis stimmen mit dem überein, was wir telefonisch besprochen hatten. Machen Sie sich nicht die Mühe, ein korrigiertes Angebot zu erstellen. Wir sind für diese Bestellung anderweitig fündig geworden und kommen bei Bedarf auf Sie zurück.
Hochachtungsvoll
Eberhart Sachse
Leiter Einkauf

Carl rutschte der Boden unter den Füßen weg. Das hatte ihn gerade noch gefehlt! Die Bestellung war zwar nicht sehr groß gewesen, aber ohne sie würde er seine Zweiwochenziele niemals erreichen können. Dummerweise gab es keinen Praktikanten, den er dafür zur Rechenschaft ziehen konnte, er selbst hatte das Angebot erstellt. Wie hatte er es nur dermaßen versemmeln können? Natürlich kannte er die Antwort. Er war in den letzten Tagen übermüdet, gestresst und unkonzentriert gewesen und es war nur eine Frage der Zeit gewesen, bis sich das bei einem Kunden bemerkbar machen würde.

Der Schweiß stand ihm auf der Stirn. Er musste jetzt irgendwie Schadensbegrenzung betreiben. Die nächste Stunde verbrachte er also damit, eine Entschuldigungs-E-Mail zu schreiben. Zwar hatte er keine große Hoffnung, die Bestellung doch noch zu retten, aber zumindest wollte er keinen aufgebrachten Kunden, der sich bei Kappel über ihn beschwerte.

Tag 14: Das nächste Meeting

Carl hatte kaum geschlafen. Vor diesem Tag hatte es ihm schon seit einiger Zeit gegraut, spätestens seitdem er die Bestellung von ABC Lutterstadt Komposite versaut hatte. Zwar hatte er sich in der Zwischenzeit ordentlich reingehängt und ein paar extra Bestellungen an Land ziehen können, sein Zweiwochenziel hatte er aber wie erwartet nicht erreicht. Das ließe sich vielleicht noch verschmerzen, wenn er zumindest bei dem Hubdremel-Projekt etwas vorzuweisen hätte. Doch da stand er fast noch bei null. Er hatte es kaum geschafft, sich wirklich in das Thema einzuarbeiten, dafür war es in der Abteilung einfach zu hektisch, gerade nachdem Kappel im letzten Meeting so viel Druck gemacht hatte. Abends war er dann meist so geschafft, dass er einfach nicht mehr den Kopf hatte, sich in das Thema einzuarbeiten. Außerdem wollte er Sibylle und die Kinder nicht noch einmal alleine mit dem Abendessen sitzen lassen. All das würde Kappel nicht interessieren. Alles, was den interessierte, waren Fakten. Und Fakt war, dass er beim Hubdremel-Konzept kaum etwas vorzuweisen hatte.

Das Meeting verlief ähnlich angespannt und unerfreulich wie das letzte. Zwar hatten einige der Kollegen, darunter Ines, ihre Ziele erreichen können, insgesamt war die Abteilung aber schon wieder ein ganzes Stück unter Plan. Auch wenn das allgemein schlechte Abschneiden Carls Zahlen gar nicht mehr so mies aussehen ließ, stand ihm der Angstschweiß auf der Stirn. Carl hatte Kappel auf dessen Drängen hin ein Update zum Hubdremel-Projekt versprochen und zwar direkt nach dem Abteilungsmeeting. Während die anderen also nach und nach betroffen schweigend den Raum verließen, schlurfte Carl nervös in Richtung Kappel. »Das ist alles? Als ich Ihre Zahlen gehört habe, bin ich davon ausgegangen, dass Sie einfach zu viel Energie in das Hubdremel-Projekt gesteckt haben. Ich muss ehrlich sagen, dass ich ziemlich enttäuscht bin«, sagte Kappel mit zusammengezogenen Augenbrauen, nachdem Carl ihn nervös durch seine spärlichen Unterlagen geführt hatte. »Herr Bergmann, Sie wissen, dass ich Sie mag, und bisher haben auch Ihre Leistungen gestimmt, aber was Sie in letzter Zeit abliefern, ist schlicht und ergreifend zu wenig. Ist Ihnen überhaupt klar, wie ernst die Lage ist? Bisher habe ich bei der Geschäftsführung immer meinen Kopf hingehalten, wenn es mal nicht lief, aber irgendwann ist auch mal gut!« Es ging noch eine Zeit lang so weiter und Carl ließ die Tiraden über sich ergehen. Wenn Kappel eins noch weniger mochte als schlechte Zahlen, dann waren das Rechtfertigungsversuche, so viel hatte Carl in seiner Zeit bei Krageltec bereits gelernt.

Auf dem Weg in den Zen-Garten
Niedergeschlagen und etwas blass um die Nase trat er auf den leeren Flur hinaus und machte sich auf den Weg zum »Zen-Garten«, wie die meisten Mitarbeiter den von wenigen Buchsbäumchen in Betonkübeln gezierten Innenhof scherzhaft nannten. Er musste jetzt einfach einen klaren Kopf bekommen und brauchte dringend frische Luft. Gedankenverloren bog er um die nächste Ecke und rannte voll in den Postwagen, den Werner Hagenhoff mit dem üblichen, leicht mürrischen Blick vor sich herschob. »Meine Güte, hast du keine Augen im Kopf?«, fuhr er Carl verärgert an.

»Autsch«, entgegnete dieser und hielt sich das schmerzende Schienbein.

»Man, man, man, du siehst aber echt nicht gut aus. Gibt's mal wieder Ärger im Paradies?« Werner war Carl mit seiner direkten Art von Anfang an sympathisch gewesen. Neben Ines gehörte er zu den wenigen Personen im Unternehmen, denen er sich ohne Bedenken anvertrauen konnte. Und auf seine herrlich abgeklärte und unkomplizierte Art hatte Werner tatsächlich immer mal wieder gute Ratschläge parat.

»Paradies? Aktuell ist das bei uns eher die Hölle auf Erden. Die Chinesen machen uns ordentlich Feuer unterm Hintern und Kappel denkt, die Kragel würden sich von alleine verkaufen. Und als wäre das nicht schon genug, habe ich mir auch noch ein nettes Nebenprojekt aufgehalst, mit dem ich in diesem Tollhaus vor lauter Telefonaten, Meetings und Geburtstagen beim besten Willen nicht vorankomme«, brach es aus Carl heraus.

»Ihr immer mit euren ewigen Meetings. Ich frage mich, was man so ewig bequatschen kann. Wird bei euch überhaupt gearbeitet? Beim alten Hartwig hätte es so was nicht gegeben, da wurde noch richtig was geschafft. Ihr denkt immer, die Zeiten wären gerade schwer, aber Probleme hat es schon immer gegeben. Früher wusste man hier nur, wie man sie richtig angeht.«

»Und wie geht man Probleme richtig an, Herr Neunmalklug?«, fragte Carl leicht spöttisch.

»Keine Zeit, dir das jetzt zu erklären, die Leute warten auf ihre Briefe. Komm einfach morgen ab 10 Uhr bei mir vorbei, da kannst du was lernen«, entgegnete Werner unbeeindruckt von Carls kleiner Spitze.

»Was weiß der schon? Trägt ein paar Briefe aus und meint zu wissen, wie die Welt funktioniert«, grummelte Carl vor sich hin. Andererseits war Werner früher so etwas wie die inoffizielle rechte Hand vom alten Hartwig gewesen, vielleicht hatte er sich da tatsächlich etwas abschauen können. Er wollte es sich nicht so richtig eingestehen, aber sein Interesse war geweckt. Verzweifelt genug war er.

Werners Sortierzeit

Es war 9:41 Uhr, als Carl an die Tür der Poststelle klopfte. Von drinnen war nichts zu hören. War Werner noch nicht da? Vorsichtig öffnete er die Tür und es bot sich ihm ein unerwarteter Anblick: Das sonst so aufgeräumte Büro sah aus, als hätte jemand eine Wagenladung Briefe auf dem Boden und den Schreibtischen ausgeschüttet. Und mitten in dem Chaos stand Werner, Zettel und Stift in der Hand, und funkelte ihn böse über die Ränder seines Brillengestells an: »10 Uhr habe ich gesagt!«

»Naja, der frühe Vogel fängt den …«, setzte Carl leicht überrumpelt durch diese frühmorgendliche Pöbelei an.

»10 Uhr, bring zwei Kaffees mit«, fuhr ihm Werner ins Wort, schob ihn raus und knallte die Tür hinter ihm zu.

Was war das denn bitte gerade? »Jetzt ist er endgültig übergeschnappt«, murmelte er kopfschüttelnd, während er zurück in die Abteilung schlurfte. Aber er war ja selber schuld: Wie verzweifelt muss man sein, um sich beim Postmann Produktivitätsratschläge holen zu wollen? Also machte er sich wieder an die Arbeit. Das heißt, er versuchte es. Die gerade erlebte Szene ging ihm einfach nicht aus dem Kopf. Er hatte das starke Bedürfnis, sich die Beine zu vertreten, und er hatte heute auch erst zwei Tassen Kaffee getrunken. Also machte er sich auf den Weg zur Kaffeemaschine. Er drückte den Knopf für Cappuccino und die Maschine begann unter lautem Getöse zu arbeiten. 10:03 Uhr. Und wieder packte ihn diese Neugier. Kopfschüttelnd drückte er den Knopf für »Kaffee schwarz« und fluchte darüber, was Werner doch für ein alter Querkopf war.

Zum zweiten Mal an diesem Morgen stand er nun also vor der Poststelle, nur dass dieses Mal die Tür angelehnt war. Er stieß sie mit dem Fuß auf und staunte nicht schlecht: Das Chaos war verschwunden, stattdessen blickte er auf den bekannten Postwagen mit Stapeln an fein säuberlich sortierten Briefen und Päckchen. Der Anblick beeindruckte ihn so sehr, dass er glatt alle Beschimpfungen vergaß, die er sich eigentlich für Werner zurechtgelegt hatte. Dieser kam ihm freudig strahlend entgegen und nahm ihm den Kaffee aus der Hand: »Ah, herrlich, was ein Service. Trinkgeld gibt's bei mir aber leider nicht«, begrüßte ihn Werner erstaunlich gut gelaunt. »Nimm mir nicht übel, dass ich gerade so schroff zu dir war, du hast mich mitten in meiner Sortierzeit gestört und die ist heilig.«

»Sortierzeit? Heilig? Wovon zum Teufel redest du?«

»Setz dich erstmal hin, das wird etwas länger dauern.« Werner schob Carl einen Stuhl rüber und ließ sich selbst schwer in einen fast antik wirkenden roten Samtsessel sinken. »Als ich das Briefeverteilen übernommen habe, war hier noch nicht so viel los. Meine Tür stand also immer offen und es hat mir gefallen, dass alle paar Minuten jemand reinkam, um mit mir zu quatschen oder eine wichtige Sendung abzuholen, bevor ich meine Runde gedreht hatte. Auch der alte Hartwig schaute jeden Morgen vorbei, um einen Kaffee zu trinken oder meine Meinung einzuholen.« Er nahm einen großen Schluck aus seiner immer noch dampfenden Tasse. Carl sah fasziniert zu und fragte sich, wie er das schaffen konnte, ohne sich Verbrennungen dritten Grades einzuhandeln. »Wie du vielleicht weißt, war ich damals auch noch nicht in Vollzeit hier tätig, sondern habe etwa die Hälfte des Tages als Assistent vom alten Hartwig gearbeitet. Das waren echt tolle Zeiten. Wenn ich heute daran zurückdenke, kommt es mir fast vor wie Urlaub. Die paar Briefe würde ich jetzt in weniger als zwei Stunden verteilt kriegen und mit dem alten Haudegen zu arbeiten, war die beste Lernerfahrung überhaupt. Das änderte sich allerdings schlagartig, als wir zu expandieren begannen. Die Zahl der Sendungen verdoppelte sich innerhalb weniger Monate und ich war heillos überfordert. Ich verteilte Briefe an die falschen Leute oder brachte sie erst Tage später und die Beschwerden häuften sich. Ich kann mich noch gut daran erinnern, dass ich damals auch wie ein Halbtoter durch die Gänge geschlichen bin, leichenblass, Augenringe bis zum Boden und ständig gestresst. So wie du im Moment, wenn ich das mal so sagen darf. Irgendwann reichte es mir dann und ich bin zum alten Hartwig, um ihm zu sagen, dass ich mit meinen Aufgaben nicht mehr hinterherkomme. Mir war zu dem Zeitpunkt egal, ob er mich feuern würde, ich wollte einfach nicht mehr.«

Gebannt hörte Carl Werner zu. Von dieser verletzlichen Seite kannte er ihn gar nicht. »Und wie hat er reagiert?«

»Na offensichtlich hat er mich nicht rausgeschmissen, sonst säße ich jetzt nicht vor dir«, entgegnete Werner trocken. »Ob du es glaubst oder nicht, aber er setzte sich tatsächlich einen kompletten Morgen mit mir hin und half mir, die Sendungen zu sortieren, um ein besseres System zu entwickeln. Das heißt, er versuchte es. Denn es wurde ziemlich schnell klar, wo das Problem lag.« Effektvoll nahm er einen weiteren großen Schluck Kaffee. »Während wir anfingen, die Sendungen zu sortieren, kam wie sonst auch alle paar Minuten jemand mit einer Anfrage in die Poststelle. Nach dem dritten Besucher schüttelte der alte Hartwig den Kopf und fragte mich, ob das jeden Tag so ginge. Als ich nickte, runzelte er die Stirn. Er meinte, es sei ein Wunder, dass bei den ständigen Unterbrechungen auch nur ein Brief in der richtigen Abteilung landen würde. Zusammen kamen wir auf die Idee der Öffnungszeiten für die Poststelle. Meine Arbeitszeit vor der Öffnungszeit von 8 bis 10 Uhr nannten wir fortan Sortierzeit und er wies an, mich in dieser Zeit in Ruhe zu lassen. Außerdem ließ er ein Schild mit den Öffnungszeiten der Poststelle an meine Tür hängen, damit neue Mitarbeiter sofort wussten, wann sie mich erreichen konnten und wann nicht.« Carl guckte etwas ungläubig: »Und daran haben sich die Leute gehalten?«

»Anfangs nicht, aber wie du weißt, habe ich keine Probleme damit, den Mund aufzumachen. Nicht nur hatte ich von da an zwei Stunden herrlicher Ruhe, um die Briefe zu sortieren, ich hatte auch Zeit, mir ein wesentlich effektiveres Sortiersystem zu überlegen, mit dem ich heute noch arbeite.«

»Ok, ok, das hört sich ja alles schön und gut an, aber was hat das jetzt mit mir zu tun?«, fragte Carl leicht ungeduldig.

»Dir fehlt das Gleiche, was mir damals gefehlt hat: ungestörte Arbeitszeit. Keine Meetings, keine Telefonate, keine Zwischenfragen, einfach nur konzentriertes Arbeiten.«

Carl wurde nachdenklich: Ungestörte Arbeitszeit? Das hörte sich tatsächlich herrlich und genau wie das an, was er in seiner aktuellen Situation brauchte. Doch schon holte ihn die Realität wieder ein: »Und wie bitte soll ich das für mich in der Abteilung umsetzen? Ich kann mir ja schlecht Öffnungszeiten an die Stirn tackern. Was, wenn ein Kunde anruft? Außerdem werde ich die anderen niemals dazu kriegen, mich einfach mal in Ruhe arbeiten zu lassen.«

Werner grinste verschwörerisch. »Na, dann setzt du dich halt zwei Stunden hier unten hin. Muss ja keiner wissen. Und solange du die Klappe hältst, habe ich nichts gegen ein wenig Gesellschaft. Und irgendwer wird doch wohl die paar Anrufe für dich entgegennehmen können.«

Ungestört arbeiten: Das hörte sich zu schön an, um wahr zu sein. Das Ganze war so genial und doch so einfach, dass es tatsächlich funktionieren konnte. Ein wenig fühlte er sich, als würde er etwas Verbotenes tun, er beruhigte sein Gewissen aber schnell damit, dass er ja eigentlich nur das geistige Erbe vom alten Hartwig fortführte.

Carls heimliche Fokuszeit

Carl war fast so aufgeregt wie an seinem ersten Arbeitstag, als er am nächsten Morgen zielstrebig die Poststelle ansteuerte. In seinem Kalender hatte er ein Meeting mit einem Kollegen aus der Entwicklung eingetragen, wovon dieser natürlich nichts wusste. Da die Kommunikation mit anderen Abteilungen aktuell gegen Null ging, war die Gefahr, dass sein kleiner Schwindel auffliegen würde, sehr überschaubar. Auch für die nächsten Tage hatte er Meetings eingetragen, mal mit einem Kunden, mal mit Kollegen aus anderen Abteilungen. Dabei wechselten die Anfangs- und Endzeiten, damit es nicht so sehr auffiel. Anrufe hatte er in seiner Abwesenheit an Julius weitergeleitet, mit der Anweisung Name, Nummer und gegebenenfalls wichtige Informationen entgegenzunehmen.

Punkt 8 Uhr stand er also mit Laptop und Unterlagen unterm Arm und zwei Tassen Kaffee in der Hand vor Werners Tür und klopfte geschickt mit der Schuhspitze an. Die Tür wurde schwungvoll geöffnet und Werner donnerte ihm fast schon unanständig gut gelaunt sein »Guten Morgen!«, gefolgt von einem »Pünktlich wie die Maurer« entgegen. »Setz dich, ich habe dir an dem Schreibtisch da vorne was freigeräumt.« Er wies mit einer Hand auf einen freien Platz in der Ecke und griff sich mit der anderen gierig den Kaffee. »Und wenn du mich jetzt entschuldigen würdest, ich habe zu tun«, fügte er augenzwinkernd hinzu. Carl war regelrecht euphorisiert von der Aussicht, zwei Stunden ohne jede Unterbrechung arbeiten zu können. Er richtete sich in seinem neuen Reich ein und legte los.

»So, die Zeit ist um.« Jäh wurde Carl aus seinen Gedanken gerissen. Waren tatsächlich schon zwei Stunden vergangen? Ungläubig schaute er auf seine Uhr, deren Zeiger Punkt 10 Uhr anzeigten. So in seiner Arbeit versunken war er schon lange nicht mehr gewesen. Es war wirklich unglaublich, er war in zwei Stunden tiefer in das Thema Hubdremel eingestiegen als in den letzten vier Wochen. »Nicht schlecht, was man so schafft, wenn man zur Abwechslung mal arbeitet. Und ich dachte immer, du machst hier Kreuzworträtsel.« Drohend holte Werner mit einem Stapel Post-its zum Wurf aus, ließ diesen dann grinsend wieder sinken. »Danke nochmal«, fügte er etwas ernster hinzu.

»Schon gut«, erwiderte Werner, »solange du mir meinen Morgenkaffee bringst, bist du hier herzlich willkommen.«

Als er zurück an seinem Platz war, kam Julius pflichtbewusst zu ihm herübergelaufen und reichte ihm einen Zettel. »Ein Herr Hübner hat für dich angerufen. Er meinte, du wüsstest schon, worum es ginge. Sonst war nichts.« Er nahm den Zettel entgegen und ließ sich zufrieden auf seinen Stuhl sinken. Nur ein Anruf? Die Welt war also in seiner Abwesenheit nicht untergegangen. Er nahm den Hörer in die Hand und wählte die notierte Nummer.

Der Rest des Tages lief wie immer: Meetings, Telefonate, E-Mails. Er fühlte einen großen Unterschied zu sonst: In ihm machte sich das gute Gefühl breit, bereits einen Großteil seiner Arbeit erledigt zu haben. Klar, der Verkaufsdruck war immer noch da, aber den war er mittlerweile ja gewohnt.

Auf dünnem Eis
Die nächsten Tage verliefen ähnlich: zwei Stunden konzentriertes Arbeiten bei Werner, danach Vertrieb. Die Fortschritte, die er bei dem Hubdremel-Projekt machte, waren wirklich beeindruckend. Nicht nur hatte er das Konzept so gut wie fertiggestellt und seinem Freund Karsten aus der Entwicklung zur Prüfung vorgelegt, er hatte auch schon eine informelle Testanfrage bei KLX Dynamics, einer kleinen Hubdremel-Firma, gestellt, die sofort Interesse bekundet hatte. Noch ein paar Tage und er würde das Ganze Kappel präsentieren können.

Wie jeden Morgen saß er an der frei geräumten Ecke von Werners Schreibtisch, als plötzlich die Tür aufflog. Kappel stürmte herein, blieb dann wie angewurzelt stehen und starrte ihn ungläubig an: »Darf ich fragen, was Sie hier machen? Ich habe Sie überall gesucht und niemand weiß, wo Sie sind.« Carl rutschte das Herz in die Hose. So hatte er sich nicht mehr gefühlt, seit er in der zehnten Klasse in einer Matheklausur beim Spicken erwischt worden war. »In fünf Minuten in meinem Büro«, sagte Kappel schroff und stürmte davon, nicht ohne die Tür schwungvoller als sonst zuzuschlagen.

Carl spürte Werners mitleidigen Blick förmlich in seinem Nacken, als er zwei Minuten später mit hängendem Kopf den Raum verließ. Wie ein Lamm zur Schlachtbank schleppte er sich in Richtung Kappels Büro. Die Tür stand offen und Kappel winkte ihn mit strengem Blick herein. »Normalerweise spioniere ich ja niemandem hinterher, aber offensichtlich sollte ich damit anfangen. Mir sind die vielen, plötzlichen Meetings am Morgen in Ihrem Kalender schon vor ein paar Tagen aufgefallen, aber ich habe mir nichts dabei gedacht. Dummerweise haben Sie für heute ein Meeting mit Peter Moser aus der Entwicklung in Ihrem Kalender stehen, nur habe ich den gerade an der Kaffeemaschine getroffen und der wusste von nichts. Ein anderer Kollege, dessen Name an dieser Stelle unwichtig ist, hat Sie in der Poststelle verschwinden sehen und das wohl nicht zum ersten Mal. Und da sitzen Sie also tatsächlich und halten Kaffeekränzchen mit dem Postmann. Ich habe ja wirklich schon einiges erlebt, aber so was ist mir noch nicht untergekommen. Und das ausgerechnet von Ihnen, der Sie sowieso längst mal wieder punkten müssten. Gibt es irgendeinen Grund, weshalb ich Ihnen nicht direkt eine Abmahnung geben sollte?« Carl wusste, er hatte die Regeln gebrochen, aber im Grunde hatte er das nur im Interesse der Firma getan. Also erzählte Carl Herrn Kappel so offen und ehrlich wie er nur konnte, was es mit seinen morgendlichen Arbeitssitzungen in Werners Büro auf sich hatte. Er konnte sehen, wie Kappels Miene zunehmend milder wurde. Als er dann zu guter Letzt seinen Arbeitsstand inklusive des positiven Feedbacks der Firma KLX Dynamics präsentierte, war Kappel sichtlich beeindruckt. Er starrte auf die Unterlagen und nickte anerkennend. »Verdammt gute Arbeit, das muss ich schon sagen.«

»Und wie geht's nun weiter?«, fragte Carl gebannt.

»Na, in der Poststelle können Sie nicht weiterarbeiten. Wenn das rauskommt, kriege ich einen Haufen Ärger.« Carl merkte, wie der kurze Anflug von Euphorie einem Gefühl der Verzweiflung und Wut wich. Er hatte diese elendige Engstirnigkeit bei Krageltec schon immer gehasst. Wieso zählten

Regeln mehr als Ergebnisse? Er war schon kurz davor zu resignieren, da kam ihm eine Idee: »Wie wäre es denn, wenn ich meine Sortier...«, da fiel Carl auf, dass er sich noch gar keinen passenden Namen dafür überlegt hatte und »Sortierzeit« machte keinen Sinn. Es musste irgendwie produktiv klingen. Effizienz? Nein. Konzentration? Auch nicht. Fokus? Fokus war super! »Also wenn ich meine Fokuszeit einfach in der Abteilung machen würde?«

»Ich verstehe nicht ganz.«

»Naja, es geht mir darum, ungestört arbeiten zu können. Wenn die Kollegen wissen, dass ich zwischen 9 und 10 Uhr weder für Meetings noch für Gespräche zu haben bin und Julius in der Zeit für mich ans Telefon geht, würde mir das schon sehr weiterhelfen.« Kappel überlegte kurz und zuckte dann mit den Schultern: »Soll mir recht sein. Wenn es aber Beschwerden von Kunden über mangelnde Erreichbarkeit gibt, ist Schluss damit.« fügte er etwas ernster hinzu.

Eine Mitteilung in eigener Sache
»Eine Mitteilung in eigener Sache« prangte in der Betreffzeile der E-Mail, die er an die ganze Abteilung, inklusive Kappel, adressiert hatte. Er zögerte, es war ihm etwas unangenehm, einen Sonderstatus für sich zu beanspruchen. Dann besann er sich aber, klickte auf den Senden-Button und ließ sich laut ausatmend in seinen Stuhl sinken. Er hatte die Kollegen in der E-Mail darüber informiert, dass er ab sofort zwischen 9 und 10 Uhr nicht gestört werden wolle, da er in dieser Zeit immer »besonders produktiv« sei. Das Projekt erwähnte er dabei absichtlich nicht, der Text las sich in seinen Augen schon so wichtigtuerisch genug. Es dauerte nur fünf Minuten, da kam die erste spöttische Antwort von Klaus Gerber, einem eher unliebsamen Kollegen: »Da hat wohl jemand zu viel Zeit auf Produktivitätsblogs verbracht. Soweit ich weiß, verkauft man Kragel durch Telefonieren, nicht durch Schweigegelübde.« Carl wollte gerade eine wütende E-Mail zurückschicken, da kam Unterstützung aus unerwarteter Richtung: »Die Sache ist mit mir besprochen und hat meine Unterstützung. E. Kappel.« Ein breites Grinsen machte sich auf Carls Gesicht breit. Er schaute in Richtung Klaus, der drei Plätze weiter auffallend tief in seinen Sitz gerutscht war, so dass nur noch seine Stirn, die nun merklich roter war als sonst, über den Rand seines Bildschirms ragte.

»Guten Morgen, Carl«, grüßte Ines in ihrer typischen, schon fast unverschämt freudigen Art. Carl, der als Erster da gewesen war, blickte nur kurz von seinem Bildschirm auf und brummelte ein »Morgen« zurück.

»Hast du Lust auf einen Kaffee?«, fragte sie unbeeindruckt von seiner wenig herzlichen Reaktion.

»Sorry, Fokuszeit«, entgegnete er, nun um etwas mehr Wärme in seiner Stimme bemüht.

»Oh, tut mir leid, hatte ich fast vergessen. Na dann lasse ich dich mal.« Er vertiefte sich wieder in die E-Mail, die er an die Fertigung schicken wollte. Zehn Minuten später kam der nächste Kollege, Gerhard, noch so ein Morgenmensch, durch die Tür hinein und klopfte ihm auf die Schulter: »Einen wunderschönen guten Morgen. Kaffee?«

»Fokuszeit«, grummelte Carl zurück.

»Ach ja, ganz vergessen. Na dann fokussier du mal.« Carl musste noch einige andere Kaffee-Einladungen mehr oder weniger dankend ablehnen. Als ein Pop-up auf seinem Bildschirm ihn daran erinnerte, dass es 10 Uhr war, hatte er noch nicht wirklich viel geschafft. Voller Sehnsucht dachte er an die tollen Tage in Werners Büro zurück.

Es vergingen noch ein paar weitere Tage, die Carl die Poststelle schmerzlich vermissen ließen, nach und nach wurden die Unterbrechungen aber weniger. Es war zwar immer noch nicht ganz so ruhig wie in Werners Büro, aber die Kaffee-Einladungen seiner Kollegen blieben mittlerweile aus und auch die erste Welle der spöttischen Kommentare war verklungen.

Tag 28: Die Fokuszeit wird in der ganzen Abteilung eingeführt
Zum ersten Mal seit Langem ging Carl mit einem guten Gefühl in das Abteilungsmeeting. Nicht nur hatte er vor wenigen Tagen das Konzept fertiggestellt, er wartete aktuell nur noch auf das Ok von Entwicklung und Produktion, um das anfänglich gute Feedback der Firma KLX Dynamics in etwas Zählbares umwandeln zu können. Kappel machte zwar keine Luftsprünge, die Abteilungszahlen waren insgesamt weiterhin eher bescheiden, wirkte

aber insgesamt doch entspannter als in den Meetings zuvor. »Wenn sonst niemand mehr etwas hat, können wir …«, setzte Kappel an, da meldete sich Ines zu Wort.

»Ich habe noch eine Kleinigkeit. Wäre es möglich, dass ich auch eine Fokuszeit von 9 bis 10 Uhr bekommen könnte? Bei Carl scheint es super zu funktionieren und ich bin mir sicher, dass ich bessere Ergebnisse abliefern würde, wenn ich zumindest diese eine Stunde am Tag ohne Unterbrechung arbeiten könnte.« Inspiriert von Ines Vormarsch meldete sich Peter, von dem man normalerweise in Meetings nicht viel mitbekommt, zu Wort: »Dem möchte ich mich anschließen. Mich stören die morgendlichen Meetings. Ich habe morgens am meisten Energie und fühle mich stark gestört durch die ständigen Unterbrechungen.« Ein zustimmendes Raunen machte sich breit. Kappel schaute leicht überrumpelt in die Menge: »Wer sieht das ähnlich?« Nach und nach gingen immer mehr Hände in die Höhe.

»Ok, ok, es geht hier manchmal zu wie im Bienenstock, das wissen wir wohl alle«, schaltete sich Klaus ein. »Aber wir sind nun mal eine Vertriebsabteilung und da gehört etwas Turbulenz einfach dazu.« Ein paar Kollegen nickten, die meisten verzogen aber leicht entnervt das Gesicht. Klaus war immer etwas aufbrausend und schroff, als Vertriebler aber recht erfolgreich. Er war nicht besonders beliebt, genoss aber durch seine Leistung ein gewisses Ansehen bei Kappel. »Was genau sollen wir denn deiner Meinung nach anders machen? Aufhören zu telefonieren? Nicht mehr miteinander reden?«

»Nun hör mal, Klaus, es geht doch nicht darum, nicht mehr miteinander zu reden, es geht lediglich um eine Stunde am Vormittag, in der ohne Unterbrechung gearbeitet werden kann.«

»Das hört sich eigentlich super an, aber was machen wir, wenn ein wichtiger Kunde anruft?«, schaltete sich nun einer der älteren Kollegen ein. Für kurze Zeit herrschte andächtige Stille, dann ergriff Ines das Wort: »Herr Kappel, können wir nicht einfach alle Anrufe an das Zentralsekretariat weiterleiten und dann nach Ende der Fokuszeit zurückrufen?« Dieser blickte nachdenklich drein, nickte dann aber zustimmend. »Die werden keine Luftsprünge machen, aber gehen sollte das schon.«

»Jetzt mal im Ernst, das ist doch Ringelpiez mit Anfassen. Und wenn man redet, kommt man auf die stille Treppe oder was? Wir sind hier eine Vertriebsabteilung und kein Kindergarten!«, schaltete sich Klaus nun sichtlich aufgebracht wieder ein, riss sich aber wieder zusammen, als er merkte, wie Kappel ihm einen strengen Blick zuwarf. Ohne weiter auf Klaus' Ausbruch einzugehen, nahm Kappel nun wieder das Ruder in die Hand: »Ich bin tatsächlich noch etwas skeptisch. Allerdings hat mich Carls Konzept so überzeugt, dass ich diese Dingszeit – wie war das noch mal? – ach ja, Fokuszeit. Dass ich diese Fokuszeit ausprobieren werde. Ich habe mir überlegt, der Sache einen Monat Zeit zu geben. Praktisch heißt das, keine Meetings mehr zwischen 9 und 10 Uhr morgens. Ich kläre die Sache mit dem Zentralsekretariat, sobald das Ok kommt, können Sie selbstständig die Weiterleitung einrichten. Wer in der Zeit Kundentelefonate führen möchte, kann dies natürlich weiterhin tun. Ich verstehe das allerdings als Experiment. In einem Monat sprechen wir nochmal drüber und entscheiden, ob wir es beibehalten oder ob Klaus' Bedenken nicht doch begründet sind«, fügte er mit einem kurzen Blick auf Klaus hinzu.

Es war schon fast unheimlich, so ruhig war es in der Abteilung. Lediglich das leise Klicken der Tastaturen und ein gelegentliches Räuspern war zu hören. Es war nun schon die zweite Woche der abteilungsweiten Fokuszeit und Carl war ehrlich beeindruckt, wie gut diese angenommen worden war. Klaus hatte zwar immer wieder versucht, die Kollegen zu einer Unterhaltung über die Wochenendplanung oder zur Auskunft von Informationen zu bewegen, doch nachdem er damit anfangs noch Erfolg hatte, biss er mittlerweile auf Granit. Was sich an den ersten beiden Tagen für so manchen noch anfühlte wie ein verlegenes Schweigen, war mittlerweile für die meisten zur wichtigsten Zeit des Tages geworden. »Eigentlich könnte ich um 10 Uhr nach Hause gehen, da habe ich so gut wie alles erledigt«, hatte Ines am Mittwoch beim Mittagessen gescherzt.

Carl wusste, wem er das Ganze zu verdanken hatte. Ohne die Offenheit und Unterstützung von Kappel hätte er gar nichts machen können. Vorgesetzte mit einer solchen Bereitschaft für Experimente gibt es nicht gerade wie Sand am Meer. Aber noch wichtiger war natürlich einer gewesen: Werner. Jetzt stand er, wie schon damals bei seiner ersten »Beratungsstunde«, mit zwei dampfenden Tassen Kaffee bei Werner im Türrahmen. »Der feine Herr lässt sich also mal wieder blicken«, feixte dieser, während er die Tasse schnappte, die Carl ihm entgegenhielt. »Ich dachte schon, der Kappel hätte dich rausgeworfen.«

»Mich rausgeworfen? So schnell werden die mich hier mit Sicherheit nicht los. Außerdem ist Kappel wirklich ganz in Ordnung, wenn man weiß, wie man mit ihm reden muss. An deiner Stelle würde ich übrigens nach einer Gehaltserhöhung fragen. Wir haben deine Sortierzeit jetzt nämlich in der ganzen Vertriebsabteilung eingeführt.« Sichtlich stolz fing Werner an zu strahlen, fügte dann aber in gewohntem Ton hinzu »Ach was, gern geschehen. Nächstes Mal fragt ihr mich am besten gleich, wenn ihr Hilfe braucht.« Carl wollte gerade gehen, da streckte ihm Werner einen Brief entgegen. »Kannst du direkt mitnehmen, ist gerade für dich reingekommen.« Als Carl einen Blick auf den Absender warf, hätte er am liebsten einen Luftsprung gemacht: KLX Dynamics. Hastig riss er den Brief auf und wurde nicht enttäuscht. Er hielt den unterschriebenen Auftrag über 100 Spezialkragel für Hubdremel-Maschinen in den Händen und hatte damit nicht nur zum ersten Mal seit Langem seine Ziele übertroffen, sondern gleichzeitig den Grundstein für die Belieferung eines komplett neuen Kundensegments gelegt.

Als er abends nach Hause kam, brachte er einen Strauß Blumen und eine Flasche Sekt mit. »Was gibt's denn zu feiern?«, fragte Sibylle, nachdem die Kinder Carl stürmisch begrüßt hatten.

»Ich will dich nicht mit den Einzelheiten langweilen, aber man könnte sagen, du bist mit dem Retter der Krageltec verheiratet!«, verkündete Carl augenzwinkernd.

»Im Ernst, mein Projekt war ein voller Erfolg und das könnte wirklich wichtig für die Firma sein.«

»Glückwunsch! Wie hast du das denn geschafft, ohne Überstunden zu machen? Ich dachte ehrlich gesagt schon, du hättest das Ganze sausen lassen, weil du immer so früh zu Hause warst.«

»Pssst, keine Arbeitsgespräche in der Sibyllezeit.« Carl gab ihr lachend einen Kuss und ließ dann den Korken knallen.

1.2 Reflexion: Unsere Erfahrungen mit der Fokuszeit

Das ist ein schönes Beispiel dafür, dass Veränderung nicht vom Chef, der Perso-nalabteilung oder vom Vorstand ausgeht, sondern von dem, der ein sehr gro-ßes Bedürfnis nach einer Lösung oder Änderung hat. Das ist dann sicher für die ganze Abteilung überzeugender und es ist angenehmer, so eine Änderung zu übernehmen. Aber sicherlich gibt es dennoch Kritiker der Fokuszeit. Was macht man denn, wenn es einige Kollegen partout nicht wollen?

Oh ja, Kritiker gibt es natürlich überall. Aber zuerst möchte ich sagen, dass die Fokuszeit einer unserer beliebtesten *workhacks* ist. Das finden viele Teams klasse – der Sinn scheint sich gut zu erschließen. Das beste Argu-ment, das wir derzeit ins Feld führen, um Kritiker ins Boot zu holen, ist: »Versucht es doch mal einen Monat. Wenn ihr es dann nicht gut findet, dann schafft es wieder ab.« So kommt man in den Experimentiermodus und probiert es einfach mal aus. Es kann ja sein, dass es nicht funktioniert. Wenn man etwas Neues einführt, ist nie garantiert, dass es funktioniert – sonst wäre es nichts Neues ... Aber mit dem Experimentiermodus erfährt die Ver-änderung eine schöne Leichtigkeit. Man kann es ausprobieren und sich nach einem Monat zusammensetzen und besprechen, ob es weiterhin sinnvoll ist.

Gibt es dann noch immer starke Kritiker, legen wir eine Veto-Karte auf den Tisch. Wenn jemand diese Karte zieht, dann zeigt er damit, dass er diesen *workhack* auf gar keinen Fall mitmachen will. In dieser Situation führen wir den *workhack* nicht ein. Es soll niemand dazu gezwungen werden. Im bes-ten Fall bespricht die Gruppe dann untereinander die Vor- und Nachteile und überzeugt sich gegenseitig. Es ist in der Regel nicht hilfreich, wenn ein Außenstehender oder Vorgesetzter zu viel Druck ausübt – das erzeugt nur Gegendruck. Uns ist wichtig, dass das Team entscheidet, ob und welchen *workhack* es einführt.

Ist es denn wirklich so schlimm mit den Unterbrechungen? Man kann doch schnell weiterarbeiten, wenn man mal gestört wurde.

So einfach ist das nicht: Wir wissen aus vielen Studien, dass wir 15 bis 18 Minuten benötigen, um uns in ein Thema tiefer einzuarbeiten. Jede Un-terbrechung dieser Tätigkeit kostet also 15 bis 18 Minuten, bis man wieder tief drin ist. Jetzt kann man sich ausrechnen, wie viel Zeit eine Mitarbeiterin benötigt, um nach einem »Wie war das Wochenende?« oder »Kannst du mir mal schnell hier helfen?« wieder in ihr Thema zu finden. Das gilt vor allem für Kopfarbeiter – bei mechanischer Arbeit ist das natürlich anders. Aber die Arbeit in Unternehmen wird dahingehend kaum geregelt. Es wird dem Zufall oder der Durchsetzungskraft des einzelnen Mitarbeiters überlassen, wie die wertvolle Zeit zum Beispiel für Konzeptarbeit geschützt wird.

Die meisten Menschen klagen darüber, kaum eine Stunde ununterbrochener Arbeitszeit an ihrem Arbeitsplatz zu haben. Deshalb ziehen sich viele Aufgaben sehr in die Länge, insbesondere wenn sie von komplexer Natur sind. Auch die ständige theoretische Ansprechbarkeit stresst die Menschen – sie wissen nicht, wann sie das nächste Mal unterbrochen werden, und auch das hat Auswirkungen auf die Konzentrationskraft. Für die Durchdringung von komplexen Sachverhalten benötigt der Mensch ungestörte Konzentrationszeit.

Wie sind denn eure Erfahrungen mit Nachhaltigkeit? Schaffen viele Teams die eingeführten workhacks wieder ab?

Nein, die meisten bleiben dabei. Aber es ist schon hilfreich, wenn sich Personen im Team finden, die ein bisschen Acht geben, dass ein *workhack* nicht verwässert wird. Bei der Fokuszeit beispielsweise ist der Eifer am Anfang sehr groß, und dann kommen die Ausnahmen dazwischen: Ein Kundentermin lässt sich nicht verschieben und fällt in die Fokuszeit oder ein Meeting kann nur zu dieser Uhrzeit anberaumt werden. Da bilden sich schnell Ausnahmen, die den »Hack« verwässern. Nach einigen Ausnahmen fragen sich dann alle im Team: Halten wir uns eigentlich noch an die Fokuszeit? Daher ist es ganz wichtig, dass das Team in regelmäßigen Abständen gemeinsam bespricht, ob der *workhack* weiterhin gilt oder wieder abgeschafft werden soll. Oft hilft eine Moderation, damit es zu einer klaren Entscheidung kommt.

Dieses gemeinsame Besprechen über die Abschaffung oder das Beibehalten ist ein zentraler Punkt bei den *workhacks*. Wie bereits gesagt, ist die Veränderung von Routinen ein schwieriges Unterfangen, das viel Willenskraft erfordert. Jede Ausnahme birgt daher das Risiko eines Rückfalls in sich. »Einmal ist keinmal« ist häufig der Anfang vom Ende eines *workhacks*. Gerade zu Beginn können wir nur vor Ausnahmen warnen, weil sie den Prozess der Verinnerlichung einer Verhaltensänderung empfindlich stören.

Sind workhacks denn auch anpassungsfähig? Das klingt ja erstmal ziemlich streng. Sollte man solche Formate nicht immer auch an die Gegebenheiten eines Unternehmens anpassen?

Das stimmt. Das ist ganz wichtig. Nehmen wir folgenden Fall: Der *workhack* »Fokuszeit« wurde vom Team ausgewählt. Dann beginnt ein Mini-Team aus zwei bis drei Vertretern, den *workhack* »implementierfähig« zu machen. Das heißt, es wird in diesem Fall besprochen, wann die richtige Uhrzeit für die Fokuszeit ist und wie mit Anrufen und Meetinganfragen während der Fokuszeit umgegangen werden soll. Zudem überlegen sich die Teams, ob und wie sie sich im Notfall ansprechen dürfen. Dann wird das Ergebnis den Kolleginnen und Kollegen vorgestellt und los geht's. Nach einem Monat wird reflektiert, ob der *workhack* nützlich und praktikabel ist. Jetzt ist die Zeit für erste Anpassungen: Häufig ist die Uhrzeit nicht sofort die richtige und muss verändert werden. Manchmal dehnen die Unternehmen die Fokuszeit auch aus. Wir haben ein Unternehmen begleitet, das jetzt sensationelle vier Stunden Fokuszeit pro Tag durchzieht – den ganzen Vormittag in diesem Fall. Das Feedback lautet: »Die Ruhe ist herrlich. Ich kann so viel erledigen, dass ich manchmal mittags eigentlich schon gehen könnte.« Ein anderes Unternehmen hat eine Stunde am Vormittag und eine Stunde am Nachmittag eingeführt. Nebenbei erwähnt: Zu Beginn haben sich die Mitarbeiter dieses Betriebes nicht einmal eine Stunde Fokuszeit vorstellen können, da sie der Meinung waren, dass dieser *workhack* sich nicht mit ihrem Verständnis von Kundenservice vereinbaren lässt. Erst nachdem sie die Fokuszeit ausprobiert hatten, haben sie gemerkt, dass sie in der Fokuszeit mehr für den Kunden leisten können, da sie wesentlich konzentrierter bei der Arbeit waren. Im Ergebnis haben sie sich also für mehr Fokuszeit entschieden. Das ist ein gutes Beispiel für das dreischrittige Vorgehen: Ausprobieren, Reflektieren und Anpassen.

Wir können nur davor warnen, Veränderungen in den Arbeitsroutinen zu schnell und zu oft vorzunehmen. Das kann dann unübersichtlich werden. Wir verwenden gern eine Feedback-Box pro eingeführtem *workhack*, in der einen Monat lang Feedback gesammelt und anschließend gemeinsam ausgewertet wird. Diese Box bietet allen Stimmen die Möglichkeit, sich zu äußern, ohne den *workhack* gleich am ersten oder zweiten Tag öffentlich infrage zu stellen. Eine Gewöhnungszeit muss man dem *workhack* schon geben.

Wird von den meisten Mitarbeitern zum Beispiel eine Änderung der Uhrzeit gewünscht (was häufig der Fall ist), dann bespricht man die Änderung gemeinsam und legt eine neue Uhrzeit fest. Aber abgesehen von den Anpassungen muss der *workhack* auch grundsätzlich auf den Prüfstand. Ist er hilfreich? Wird die Arbeit dadurch besser oder leichter? Bei einer positiven Antwort haben alle nochmals ihren Willen bekräftigt, dabei zu bleiben. Das bildet eine Grundlage dafür, sich gegenseitig immer wieder freundlich zu erinnern. Mit dem gemeinsamen Votum ist es für die Teams leichter, am Ball zu bleiben. Bei einer negativen Antwort kann man den *workhack* ganz einfach wieder loswerden. Das Wissen darüber, dass man nicht alles beibehalten muss, nur weil man es einmal eingeführt hat, wirkt außerordentlich befreiend.

Geht es euch also im weiteren Sinne gar nicht unbedingt nur um die workhacks, sondern darum, Erfahrung mit Veränderungen zu machen?

Ja und ein bisschen Nein. Die *workhacks* sind schon wichtig, um erprobte und fundierte Inspirationsquellen zu liefern. Nicht jede Veränderung ist ja gleich eine erfolgreiche und gute. Und je mehr negative Erfahrungen mit einer Veränderung gemacht werden, umso mühsamer wird es, jemanden überhaupt noch für Veränderung zu begeistern. Wir haben ja auch zum Schreiben dieses Buches »schreibhacks« verwendet, die wir uns nicht selbst ausgedacht haben, sondern die erfahrene Schriftsteller dankenswerterweise teilen. Da waren Ideen dabei, die sehr hilfreich waren und auf die wir selbst nicht gekommen wären.

Aber es stimmt schon, dass *workhacks* dazu inspirieren sollen, in einen Experimentiermodus zu kommen. Im besten Fall nehmen Teams nach der Einführung und Reflexion von einigen *workhacks* selbst spezifische Probleme unter die Lupe und entwickeln ihre eigenen *workhacks* für ihre spezifischen Probleme. Die Herausforderung dabei ist, nicht nur eine kleine Intervention zu kreieren, die ein bisschen lustig ist, sondern eine Lösung zu finden, die wahrscheinlich in der Praxis funktioniert und dabei eine große positive Wirkung erzeugt. Das ist schon recht anspruchsvoll.

Fokuszeit

Kurzbeschreibung

Die Fokuszeit ist eine Zeit am Tag, in der niemand im Team – oder bei Erweiterung im gesamten Unternehmen – gestört wird: weder durch Telefonate, Small Talk, Fragen von Kolleginnen und Kollegen noch durch Meetings. Es herrscht einfach Ruhe, um konzentriertes Arbeiten zu ermöglichen. Die meisten Teams beginnen mit einer Stunde am Tag. Die Fokuszeit kann jedoch durchaus auf mehrere Stunden pro Tag erweitert werden.

Der *workhack* ist hilfreich bei ...

- häufigen Unterbrechungen der Arbeit, die die Konzentration stören,
- der Bearbeitung von Projekten oder Themen, die eine intensive Auseinandersetzung mit dem Thema erfordern,
- bei sehr gesprächigen Teammitgliedern, die Schwierigkeiten haben, ihre Redefreude unter Kontrolle zu halten,
- bei introvertierten Teammitgliedern, die gern in Ruhe arbeiten.

Was Sie beachten sollten

- Im Team sollten sich alle Mitglieder an die gleiche Zeit halten. Dann ist es leichter für alle, die Fokuszeit durchzuhalten – Gewöhnungseffekt.
- Die Fokuszeit sollte nach einem Monat auf den Prüfstand gestellt werden. Die richtige Uhrzeit zu finden ist nicht immer leicht und erfordert oft Kompromisse.
- Akustische Eingangssignale von E-Mails, Anrufen usw. sollten deaktiviert werden.
- Für eingehende Anrufe muss eine Lösung gefunden werden. Manchmal reicht der Anrufbeantworter, manchmal ist es gut, einen »Telefondienst« einzurichten, der reihum von Teammitgliedern verrichtet wird.
- Die proaktive Kommunikation innerhalb und außerhalb des Unternehmens (»Wir befinden uns in der Fokuszeit, um einen besseren Service zu leisten«) kann hilfreich sein.

Hilfsmittel

keine Hilfsmittel nötig

2 Workhack Slack Time

von Patrick Baumann

2.1 Kurzgeschichte: Wie freie Zeit zu Innovationen führt

Die Kaffeemaschine ging wieder nicht. Martin seufzte und rieb sich mit Daumen und Zeigefinger die Nasenwurzel. Es war ja verrückt genug, winzige Mengen Kaffee in kleine Kapseln zu verpacken. Aber dann funktionierte der Mist nicht mal ordentlich. Die Maschine dröhnte und dampfte und spuckte schließlich eine wässrige Brühe aus, die nicht im Entferntesten an Kaffee erinnerte.

Hinter ihm krähte eine bekannte Stimme und riss ihn aus seinen Überlegungen: »Na, Herr Schweizer, machen Sie schon wieder die Kaffeemaschine kaputt?« Das war Herr Vogel, Martins »Lieblingskollege«. Der hatte letzte Woche wieder mal die Lacher auf seiner Seite gehabt – auf Martins Kosten. Die Maschine hatte Martin einen riesigen Kaffeefleck aufs weiße Hemd gespuckt, und zwar ein paar Minuten, bevor er den Zwischenstand seines Projekts vor der gesamten Abteilung präsentieren musste. Der Kaffeefleck war ja schon peinlich genug, aber am Ende der Präsentation meldete sich auch noch Herr Vogel mit der Frage: »Ist es eigentlich Zufall, dass der Fleck auf ihrem Hemd die Form Italiens hat?« Vereinzelt hörte Martin die Kollegen kichern. »Oder sieht das bei Cappuccino immer so aus?«

Martin hatte an sich heruntergeschaut. Herr Vogel hatte Recht, der Kaffeefleck erinnerte tatsächlich an die Form Italiens. Fasziniert hatte er diesen kleinen Scherz des Schicksals betrachtet. Dann war ihm klar geworden, dass alle gespannt auf eine schlagfertige Antwort warteten. Oder zumindest auf irgendeine Antwort. Dreißig Augenpaare schauten ihn an. »Äh, ja, hehe, stimmt …«, hatte Martin gestammelt. Wow, Spitzenleistung. Da musste er noch einmal nachlegen. »Für ganz Europa war nicht genug Kaffee da«, schob er nach. Er erntete ein paar Schmunzler und entschied sich für den Rückzug. »Gibt es noch weitere Fragen? Nein, ok, dann vielen Dank.«

Schon wieder ein neues Tool

Danach hatten der Abteilungsleiter Herr Dressel und Frau Schnell, eine externe Beraterin aus einem Internet-Start-up, der Abteilung ein neues »Tool« präsentiert, damit sie alle innovativer seien. »Slack Time« hieß es. Hoffentlich war das nicht so ein Käse wie letztes Mal. »Mehr Innovation!« hatte es da geheißen, und dann hatten ihnen drei blasse Beraterjünglinge, frisch von der Business School, erklärt, wie Innovation zu passieren hatte: mit Brainstormings und betrieblichem Vorschlagswesen. Und das bei einer Firma wie Krageltec, deren Gründer 1903 den Drei-Kammer-Kragel erfunden hatte. Zu Innovationen hatten natürlich weder die folgenden Brainstormings noch das Vorschlagswesen geführt. Immerhin hatte dieses Mal die Start-up-Tante glaubhaft den Eindruck vermittelt, dass man in ihrem Unternehmen wirklich mit dieser Slack Time arbeitete.

Ein Räuspern riss ihn aus seinen Überlegungen. Herr Vogel stand noch immer hinter ihm und wartete auf eine schlagfertige Antwort. Martin drehte sich um. An Vogels Revers schimmerte eine Anstecknadel, ein vergoldetes, längliches Gebilde mit drei beulenartigen Ausformungen. Das war »Der goldene Kragel«, die hausinterne Auszeichnung für besonders innovative Leistungen. Herr Vogel hatte sie letztes Jahr mit seinem Team gewonnen. Herr Vogel trug die Nadel jeden Tag, was Martin ehrlich gesagt etwas protzig fand. Und noch ehrlicher gesagt hätte er sie auch gerne einmal getragen.

»Ich war das nicht«, sagte Martin. »Das Ding ist einfach schlecht konstruiert. Ich glaube, ich weiß auch, woran es liegt. Die Wasserleitung ist einfach ...«

»Ja klar«, unterbrach ihn Vogel grinsend. »Das würde ich an Ihrer Stelle auch sagen. Ich glaube ja, auf Ihnen lastet ein böser Fluch, wahrscheinlich, weil Sie beim letzten Mal keinen Fairtrade-Kaffee bestellt haben. Irgendwo sitzt eine karibische Kaffeebäuerin mit einer Voodoo-Puppe von Ihnen.« Er kicherte und drehte sich weg. »Ich habe gleich ein Meeting, ich gehe dann mal. Viel Glück mit dem Voodoo-Kaffee«, ulkte Vogel und ließ Martin allein. Martin seufzte. Herr Vogel meinte es nicht böse. Er war einfach ein selbstbewussterer Typ als Martin und machte gerne seine Späße. Blöderweise oft auf Martins Kosten. Warum, war ihm auch nicht ganz klar. Vielleicht einfach, weil er es konnte.

Druck auf dem Kessel

Martin verzichtete auf den Kaffee. Er würde einfach Werner Bescheid sagen, der würde sich darum kümmern. War eh gesünder, und sein Magen fuhr ohnehin schon Achterbahn, entweder wegen der Königsberger Klopse, die es heute zum Mittagessen gegeben hatte, oder wegen seiner bevorstehenden Besprechung mit Herrn Dressel. Es ging um Martins Projekt. Es gab gravierende Qualitätsprobleme bei der neuesten Kragel-Generation. Die selbstschließenden Druckventile verschlissen zu schnell. Kaum standen die Kragel unter Höchstlast, zerhaute es die Ventile. Martins Team sollte Lösungen erarbeiten, kam aber auf keinen grünen Zweig. Kein Wunder, bei den Vorgaben, die sie von oben bekommen hatten. Unterm Strich durfte es nicht teurer werden, nicht länger dauern und an bestehende Prozesse durften sie auch nicht groß heran. Martin dachte an Einsteins Definition von Wahnsinn: Alles so machen wie immer und andere Ergebnisse erwarten.

Martin wusste, dass sein Chef nicht zufrieden war. Auch wenn Martin nur bedingt etwas an der Situation ändern konnte, war er verantwortlich für das Projekt. Allein das zählte. Er fühlte sich wie damals in der Abiturprüfung: eine Gedichtanalyse von Walther von der Vogelweide. Martin konnte mit dem Zeug einfach nichts anfangen. Sein Magen hatte sich zusammengezogen, als hätte er ein schwarzes Loch verschluckt, und das Einzige, woran er damals denken konnte, war das bevorstehende Totalversagen. Mit Ach und Krach hatte er sich durch die Prüfung gehangelt und danach geschworen, sich in Zukunft lieber mit Dichtungen als mit Dichtern zu beschäftigen. Das hatte sich lange als gute Entscheidung erwiesen, doch zurzeit wären ihm sogar deutsche Dichter lieber gewesen als seine Ventile.

Martin war im Besprechungsraum »Höxter 2« angekommen. Er nahm sich ein Mineralwasser und ein Glas und setzte sich an den Konferenztisch. Herr Dressel war noch nicht da, und so nutzte Martin die Gelegenheit, noch einmal seine Argumente für das Gespräch durchzugehen. Es ging Martin um die Slack Time von Frau Schnell. Eigentlich eine gute Idee, dachte Martin, aber das Letzte, was sein Team im Moment brauchte. Sie brauchten keine Methode für allgemeine Innovationen, sondern mussten sich auf ein ganz konkretes Problem fokussieren, nämlich die undichten Ventile. Er wollte Dressel daher vorschlagen, die Slack Time für sein Team auszusetzen, bis sie eine Lösung für die Ventile gefunden hatten. Dann würden sie auch bei neuen Experimenten der Personalabteilung mitmachen.

Frau Schnell hatte die Slack Time so erklärt: In den meisten Unternehmen bestand sie aus einem Tag in der Woche oder auch alle zwei Wochen, an denen die Mitarbeiter an eigenen Projekten arbeiten konnten. Diese Projekte mussten allerdings mit dem Geschäft des Unternehmens zu tun haben. Das konnten neue Produkte sein, aber auch Lösungen für lange existierende Probleme, effizientere Abläufe oder die Umgestaltung der Gemeinschaftsküche. Aber es ging eben um eigene Ideen aus eigenem Antrieb, abseits dessen, woran die Mitarbeiter sonst arbeiteten.

Alle zwei Wochen sollte man dann in einer Runde sein Projekt und dessen Fortschritt in fünf Minuten vorstellen. Oft wurden daraus dann »richtige« Produkte. Das prominenteste Beispiel aus anderen Unternehmen war Google Mail, der E-Mail-Service von Google. Aber auch andere bekannte Firmen wie 3M, Wella und das IT-Unternehmen Atlassian hatten Produkte aus der Slack Time heraus entwickelt. Das war schon ein starkes Argument für Slack Time, musste Martin zugeben.

Martin hörte rasche Schritte auf dem Flur. Herr Dressel betrat den Besprechungsraum. Unter dem Arm hatte er eine dicke Aktenmappe. Mit seinen 1,92 Metern und deutlichem Übergewicht war er eine gewaltige Erscheinung. Sein dunkler Nadelstreifenanzug von der Stange und die gemusterte Krawatte schienen Martin ein bisschen übertrieben, aber das passte zu Herrn Dressel. Er wäre in einem anderen Leben sicher gerne Mafiaboss geworden.

»So, Herr Schweizer, was machen wir denn mit Ihnen?«, dröhnte Herr Dressel. »Wir müssen da jetzt endlich die Kuh vom Eis bekommen mit ihrem Projekt.«

»Ja, natürlich«, sagte Martin. »Ich habe auch einen Vorschlag, wie wir das schaffen können.«

»Oh, Sie haben schon einen Vorschlag, wie wir die Ventile haltbarer bekommen? Hervorragend, schießen Sie los!«

Martin zögerte. »Für die Ventile haben wir noch keine gute Idee. Eigentlich habe ich einen grundsätzlichen Vorschlag, wie wir das Projekt in die Spur bekommen.« Herr Dressel runzelte die Stirn, doch Martin beschloss, einfach weiterzumachen. »Wissen Sie, dieses neue Tool, das letzte Woche auf der Versammlung vorgestellt wurde ...«

»Die Slack Time? Klasse, oder?«

»Ja, sicher, das klingt nach einer tollen neuen Methode«, sagte Martin. »Ich weiß nur nicht, naja, ich denke, ... ich denke, es wäre besser, wenn mein Team sich jetzt voll auf die Ventilfrage konzentrieren würde.«

»Wie meinen Sie das?«, fragte Dressel.

»Ich schlage vor, dass wir die Slack Time für mein Team verschieben, bis wir eine zufriedenstellende Lösung für die Ventile gefunden haben. Wir konzentrieren uns einfach voll auf die Ventile, und danach sind wir frei und offen für die Slack Time.«

»Ach, Herr Schweizer«, seufzte Dressel. »Ja, das verstehe ich natürlich. Es scheint sicher die einfachste Lösung zu sein, solch eine neue Methode erst einmal zurückzustellen, wenn Druck auf dem Kessel ist.« Er beugte sich nach vorn und verschränkte seine Hände. »Nur wissen Sie, wir führen die Slack Time ja gerade ein, um innovativer zu sein. Da können wir nicht beim ersten Husten das Kind mit dem Bade ausschütten.« Dressel hatte seine Metaphern voll drauf. »Herr Schweizer, ich vergesse mal einfach, dass Sie diesen Vorschlag gemacht haben. Ich verstehe, dass solche neuen Ansätze immer etwas befremdlich sind und dass Sie Zeitdruck verspüren.« Er hielt kurz inne und fixierte einen Punkt an der Decke. »Den haben Sie ja auch«, fuhr er dann mit einem jovialen Schmunzeln fort. »Es ist zwar 5 vor 12, aber ich weiß, welche Fähigkeiten sie haben – leider weiß das nicht jeder in der Geschäftsleitung.« Er sah Martin ernst an. »Geben Sie jetzt Gas, dann halte ich Ihnen weiter den Rücken frei. Und lassen Sie sich einfach mal auf etwas Neues ein.« Er nahm einen Schluck von seinem Mineralwasser. »Gibt es sonst noch etwas zu besprechen von Ihrer Seite?«

Martin schluckte. »Aber ... Nein, sonst gibt es nichts.«

»Prima!« Dressel wuchtete sich aus seinem Stuhl. »Dann legen Sie los, Schweizer! Sie schaffen das.« Ohne ein weiteres Wort walzte er aus dem Konferenzraum.

Martin blieb ernüchtert sitzen. Er war sich so sicher gewesen, dass sein Vorschlag angenommen werden würde. Stattdessen musste er nun noch für ein Experiment herhalten, nur weil die Kollegen in der Personalabteilung den Hippie in sich entdeckt hatten.

»Übertrieben fame«

Martin ging in sein Büro zurück und fing an, mechanisch E-Mails zu beantworten. Ein, zwei Stunden hatte er noch im Büro, dann könnte er nach Hause fahren und diesen Tag hinter sich lassen. Dressel hatte angedeutet, dass in der Geschäftsleitung Kritik ihm gegenüber aufgekommen war. Was, wenn sogar sein Job auf der Kippe stand? Das war für ihn nie infrage gekommen. Krageltec achtete auf seine Leute und warf nicht einfach langjährige Mitarbeiter raus. Aber der Druck aus Fernost wuchs; offenbar ging das am Management nicht spurlos vorbei.

Martin verscheuchte die negativen Gedanken. Es würde sich schon alles fügen. Er beendete seine letzte E-Mail, fuhr seinen Rechner herunter und verließ das Büro. Jetzt würde er zu Hause versuchen, seinen Feierabend zu genießen und morgen eine Lösung für sein Problem zu finden. Seine Frau Susanne wollte heute Abend Rouladen machen.

Beim Abendessen war Martins Sohn Tobias ganz aufgekratzt. Mit seinen 15 Jahren war er immer deutlicher als Martins Sohn zu erkennen. Früher hätte man ihn als linkisch und uncool bezeichnet, mit seiner Brille und seinem Interesse für alles Mechanische. Aber heute war jemand wie Tobias ein »Nerd«, und das war etwas Gutes.

»Maria hat mir heute eine WhatsApp geschrieben, in der sie meinte, alle würden sagen, ich wäre jetzt ›übertrieben fame‹, weil ich Geld mit meiner App verdiene.«

»Maria? Ist das die mit den braunen Locken, mit der du letztens Mathe gelernt hast?«, fragte Martin.

»Genau«, antwortete Tobias und ein kaum sichtbarer Rotton legte sich auf sein Gesicht.

»Und sie findet dich ›übertrieben fame‹?«, fragte Martin.

»Nein, äh, nicht sie, also, sie vielleicht auch, sie meinte nur, naja, alle würden das sagen«, stotterte Tobias und stocherte in seiner Roulade herum.

»Und was heißt das genau? Also die einzelnen Wörter verstehe ich ja schon, aber was genau ist an dir ›übertrieben‹, und ist ›fame‹ überhaupt ein Adjektiv?«

»Naja, das heißt so viel wie cool oder lässig oder so. Sagt man heute halt so.«

»Und Maria findet dich dann aber sicher auch übertrieben fame?«

»Ja, nein, weiß nicht, keine Ahnung, denke schon«, sagte Tobias und errötete dieses Mal deutlich.

»Brich ihr nicht das Herz, mein Lieber, jetzt, wo du bald ins Ausland gehst.« Er nahm einen Schluck von seinem Bier. »Ach, unser Tobi, in jedem Hafen 'n anderes Mädel.«

»Äh, was?! Alter, Papa ...«, rief Tobias empört.

Susanne schmunzelte kurz, besann sich dann aber eines Besseren und warf Martin einen bemüht strengen Blick zu. »Zieh Tobi doch nicht immer so auf!«

Tobias verdrehte die Augen. Er wollte unbedingt im nächsten Jahr ins Ausland, in die USA vielleicht oder nach Asien, Japan oder Korea. Das kostete natürlich eine Stange Geld. Martin und Susanne hatten dafür bereits einiges zurückgelegt. Sie wollten ihm das unbedingt ermöglichen. Aber seit bei Krageltec so viel Druck herrschte und vielleicht sogar Martins Job wackelte, sah es natürlich nicht so rosig aus. Dazu kam noch, dass eine Wand ihres Hauses feucht war und hier ebenfalls eine größere Ausgabe auf die Familie wartete. Ausgerechnet jetzt.

Keine Ausnahmen

Am nächsten Morgen wachte Martin voller Energie auf. Er hatte im Traum eine Idee für die Ventile gehabt, und diesen Ansatz wollte er gleich heute detaillierter ausarbeiten und sein Team dazu Berechnungen anstellen lassen. Eine gute Stunde später kam Martin in die Firma, begrüßte Frau Groß am Empfang, begegnete auf dem Flur Werner, der die Hauspost verteilte (»Hallo Herr Schweizer, was macht der Käse?«) und betrat schließlich sein Büro. Er rief sofort sein Team zusammen. Martin schilderte seine Idee knapp und bat um Vorschläge für das weitere Vorgehen. Das Team sah die Chancen in Martins Ansatz und machte gleich konkrete Vorschläge, wie es weiterge-hen könnte. Als Martin um ein weiteres Meeting am Nachmittag bat, in dem sie erste Zwischenergebnisse diskutieren würden, meldete sich Johannes: »Aber Martin, heute ist Freitag, da ist doch zum ersten Mal Slack Time.«

»Was?«

»Slack Time, das neue Tool, die freie Zeit, in der wir an eigenen Projekten arbeiten können.«

Na klar, das stimmte, Martin hatte das in seiner Begeisterung total ver-drängt. Die Geschäftsleitung hatte entschieden, den Freitag zum Termin für die Slack Time zu machen. Da war nachmittags sowieso schon kaum etwas los, und Termine gab es auch nicht viele.

»Äh, na, wäre es nicht ok, wenn wir eine Woche später damit anfangen? Die Ventile sind ja unser Hauptproblem, und wir hatten seit Wochen keinen vielversprechenden Ansatz mehr«, drängelte Martin.

»Ja, das stimmt schon. Aber bei der Einführungsveranstaltung zur Slack Time hatten sie uns doch gerade das gesagt, dass es oft Gründe geben wird, die Slack Time ausfallen zu lassen.«

»Genau, und deshalb die Slack Time klappt oft nicht«, kam ihm seine bri-tische Kollegin Cate zu Hilfe. »Slack Time muss eine Priority haben vor die Tagesgeschäft. It's not a game. Das hat Frau Schnell gesagt.«

Frau Schnell, die Beraterin, die Überfliegerin aus dem Start-up. Grundsätzlich hatte sie ja recht, die Slack Time klang schon sinnvoll. Frau Schnell hatte nur einfach keine Ahnung, wie viel Druck Martin gerade aushalten musste. Das konnte er ihr kaum vorwerfen. Dass allerdings die Geschäftsleitung es auch nicht kapierte, stieß ihm richtig auf. Die mussten doch sehen, dass jetzt keine Zeit für Experimente war. Als wäre Krageltec auch ein Start-up mit Investorenkohle ohne Ende, kein Ingenieurshaus mit 100 Jahren Tradition und 1.000 chinesischen Wettbewerbern. Womöglich wird demnächst noch ein Tischkicker und ein Bällebad im Foyer aufgestellt.

Martin schluckte seinen Ärger hinunter. »Ja, ist ja richtig. Dann macht mal eure Slack Time. Am Montag legt ihr dann aber gleich mit dem neuen Ansatz für die Ventile los. Ich kann ja schon mal anfangen.« Mit diesen Worten entließ er sein Team und setzte sich an seinen Schreibtisch. Für Martin war klar, was sein Projekt in der Slack Time sein sollte: die elenden selbstschließenden Ventile haltbar zu bekommen. Das war zwar exakt seine Aufgabe außerhalb der Slack Time, aber das musste ja erst einmal keiner wissen. Slack Time beinhaltete doch die freie Wahl des Projekts, oder? Na bitte, dann durfte Martin wohl auch an dem Projekt arbeiten, für das er bezahlt wurde. Und das wie ein Damoklesschwert über ihm, seiner Familie und den Träumen seines Sohnes hing.

Martin entdeckt die Slack Time

Drei Wochen später war Martin keinen Schritt weiter. Zwar war sein Ansatz nach wie vor vielversprechend, aber die Tests und die Entwicklung der Prototypen hatte sich als komplexer erwiesen als gedacht. Sein Team hatte zwar einen Gutteil seiner Zeit in den neuen Ansatz investiert, aber trotzdem kamen sie nicht richtig voran. Und dann gab es ja noch die Freitage, an denen er auf sich allein gestellt war. Faktisch fehlten ihm jetzt 20% seiner Manpower im Team.

Er war auf dem Weg in die firmeneigene Werkstatt, als es durch den Flur schallte: »Herr Schweizer, mein Guter, was machen die Ventile? Oder soll ich fragen: Platzt Ihnen bald der Kragel?«

Na klar, jetzt musste er natürlich auf Herrn Vogel treffen. Der war offenbar schon wieder bester Laune. Martin rang sich ein Schmunzeln ab. »Hehe ...«, kicherte er kraftlos.

»Ach, Schweizer, machen Sie sich nichts daraus. Ihr Team wird bald abgehen wie 'ne Rakete. Wir haben ja jetzt die Slack Time. Allein was mein Team in den letzten drei Wochen schon entwickelt hat ...«

»Ach ja?«, fragte Martin.

»Ja, das ist wirklich verblüffend. Wenn man die Bluthunde erst mal von der Leine lässt ...« Er grinste. »Sie erinnern sich an unser Problem, die Downtime bei den alten KRX3000 zu verringern? Sehen Sie, da eiern wir im Team monatelang herum und kommen auf keinen grünen Zweig, und dann findet einer unserer Junior-Entwickler während seiner kurzen Slack Time einen Ansatz, der alle bisherigen Ideen um Längen schlägt. Heute machen wir weitere Tests, und dann geht's rund. Und bei Ihnen, was macht das Team?«

Martin hatte keinen blassen Schimmer. Er erinnerte sich: Eine der Regeln der Slack Time war, dass sich die Mitarbeiter über ihre Projekte austauschten. Aber Martin war in den letzten Wochen so auf seine Ventile fixiert gewesen, dass er sein Team diese Runden einfach alleine hatte machen lassen, um keine Zeit zu verlieren. Bei dem ganzen Druck auf dem Kessel – im wahrsten Sinne des Wortes – brauchte er nicht auch noch einen Gesprächskreis.

»Ja, äh, läuft hervorragend, die Slack Time. Ist bei uns auch so, tolle Ideen, wirklich«, druckste Martin. »Bin ganz begeistert«, schob er lahm nach.

»Na super, Schweizer! Ich sehe schon, wir werden uns bald zur Weltherrschaft slacken!« Er lachte und klopfte Martin auf die Schulter. »Eine gute Woche erst einmal. Und passen Sie auf mit der Kaffeemaschine!« Bevor Martin sich ein Lächeln abringen konnte, war Vogel schon auf dem Weg den Flur hinunter.

Das gab es doch wirklich nicht. Der Vogel machte auch aus allem das Beste. Martin hatte die Slack Time in den letzten Wochen ziemlich halbherzig verfolgt. Klar, sein Team durfte sie nutzen, das hätte er schwer verbieten können nach dem Gespräch mit Dressel. Aber er selbst hatte die Zeit stattdessen genutzt, weiter am Ventilproblem zu arbeiten. Missmutig, weil er meist nur daran dachte, dass sein Team jetzt gerade mit Nebenprojekten beschäftigt war. Und bei den Teamsitzungen zur Slack Time war er eben auch nicht gewesen. Martin hatte die Slack Time halt als eine Spielerei begriffen, damit sich die Mitarbeiter besser fühlten. Work-Life-Balance und so. Aber vielleicht war ja mehr dran? Er beschloss, der Slack Time eine neue Chance zu geben und heute einmal nicht an den dämlichen Ventilen zu arbeiten. Aber vorher würde er sich noch einen Kaffee holen.

Mit einem dampfenden Kaffee in der Hand (die widerspenstige Maschine hatte heute mal funktioniert) kam Martin zurück in sein Büro. So, dann kann es ja jetzt losgehen, dachte Martin. »Slack Time, Slack Time, Slack Time«, murmelte er vor sich hin. »Slack, Slack, Slack. Slacke-di-slack.« Niemand schaute komisch. Das war der Vorteil eines eigenen Büros.

Er setzte sich an seinen Schreibtisch und wartete. Eine Minute verging, zwei, drei. Worauf wartete er jetzt eigentlich genau? Sollte er nicht inspiriert sein, Ideen haben, mit Hochdruck an einer Vision arbeiten? Aber da war nichts. Seine Finger trommelten auf dem Tisch herum. Moment mal! Slack Time kam ja von dem englischen Verb »to slack«, was so viel wie »herumhängen«, »entspannen«, »nichts tun« bedeutete. Wie wäre es, wenn er erst einmal das machte?

Martin lockerte die Rückenlehne seines Bürostuhls, lehnte sich zurück und atmete durch. Er ließ den Blick schweifen. Die Styroporplatten an der Decke ergaben ein merkwürdiges Muster. Da war eine Spinnwebe in einer Ecke. Die Neonleuchte an der Decke flackerte ganz leicht. Sein Blick fiel auf seinen Schreibtisch. Rechts stapelten sich Dokumente, Broschüren, Anschreiben, die eigentlich nicht wichtig waren, die er aber noch nicht entsorgt hatte. Die könnte er doch jetzt einmal durchgehen, das wollte er ja schon ewig machen. Martin zog den Stapel zu sich heran.

Bis zur Mittagspause hatte Martin den Stapel auf seinem Schreibtisch durchgearbeitet und weitgehend weggeworfen. Er hatte sein E-Mail-Postfach neu organisiert. Er war die Regale seines Büros durchgegangen und hatte fast die Hälfte ihres Inhalts in einen Müllsack zum Entsorgen verfrachtet. Seine Stifte waren sortiert und er hatte geprüft, ob sie funktionierten. Er hatte jetzt wirklich ein schönes, aufgeräumtes Büro. Aber keine dichten Selbstschlussventile für den neuen Kragel.

Produktive Langeweile

Abends saß Martin mit Susanne und Tobias beim Abendessen. Tobias erzählte, dass er in den letzten drei Monaten 800 Euro mit seiner iPhone-App verdient hatte. »Es ist ganz einfach: Mit der App kannst du ganz einfach erfassen, welche Medikamente du wann nehmen musst. Und dann erinnert dich die App immer daran, wenn es Zeit ist«, sagte Tobias stolz.

»Und so eine App gab es vorher nicht auch schon?«, fragte Martin. Das konnte er sich nicht vorstellen, die Idee war einfach zu offensichtlich.

»Danach habe ich zuerst gar nicht geschaut. Es waren ja Sommerferien, mir war langweilig und ich wollte mich eh schon mal mit App-Programmierung beschäftigen. Und da habe ich das einfach als Beispiel-Projekt genommen, weil ich die Idee schon mal gehabt hatte. Ich habe einfach mit dem Code herumgespielt, mir überlegt, wie die App aussehen soll und so weiter. Und als sie dann fertig war, habe ich sie einfach veröffentlicht. Erst danach habe ich gesehen, dass es auch andere Apps gibt, die das Gleiche machen. Aber die sind nicht so schön und unkompliziert wie meine«, erklärte Tobias sichtlich stolz. »Und jetzt kann ich mir davon selbst ein neues iPhone kaufen!«

»Oder einen Teil zu deinem Auslandsaufenthalt dazugeben«, sagte seine Mutter. »Jetzt, wo du bald der neue Mark Zuckerberg bist.«

»Mann, das ist nicht fair. Auslandsaufenthalte werden von Eltern bezahlt! Ich bin doch noch ein Kind!«

»Ach, echt? Ich erinnere dich daran, wenn du das nächste Mal um Mitternacht vom Zocken nach Hause kommst«, erwiderte Susanne mit einem Grinsen.

Etwas, was Tobias gesagt hatte, hallte in Martin nach. »Tobi, du meintest gerade, dir war langweilig und du hast einfach losprogrammiert. Wie war das genau?«

»Ich weiß auch nicht, es kam einfach so. Die Idee mit der App hatte ich schon länger, weil ich im Fernsehen gesehen hatte, dass es ein großes Problem ist, dass Menschen ihre Medikamente nicht pünktlich nehmen.«

»Und seit wann interessierst du dich für Probleme im Gesundheitswesen?«

»Gar nicht«, erwiderte Tobias. »Aber mir war langweilig, und beim Rumschalten bin ich da halt hängengeblieben. Man hat einfach zu viel Zeit in den Ferien. Eigentlich hat es mich auch nicht so interessiert, aber es lief halt nichts anderes.«

»Ok, das verstehe ich. Aber warum hast du dir dann die Mühe gemacht, eine ganze App zu programmieren, obwohl du dich nicht dafür interessierst?«

»Ach, naja, es war ja nur Spielerei. Ich habe halt ein Beispielprojekt für die Programmieraufgabe gebraucht, und da habe ich mich an den Beitrag im Fernsehen erinnert. War ja nur zur Übung. Wenn die App nichts geworden wäre, hätte ich sie halt gelöscht und was anderes gemacht.« Er nahm einen Schluck von seiner Cola. »Naja, ich bin froh, dass es so gekommen ist«, sagte er grinsend und rieb Daumen und Zeigefinger aneinander.

Die gute alte Studienzeit

Am nächsten Montag saß Martin nach dem Mittagessen an seinem Schreibtisch und betrachtete die Fotos neben seinem Notebook. Eines war aus dem Urlaub im letzten Jahr und zeigte ihn, Susanne und Tobias am Strand in Thailand mit Kokosnüssen in der Hand. Das gestrige Gespräch mit Tobias ließ ihm keine Ruhe. Es klang fast so, als hätte Tobias die Langeweile und die Ziellosigkeit gebraucht, um auf eine wirklich gute Idee zu kommen. Es war ja offensichtlich, dass Tobias auf seine App-Idee gekommen war, weil die Ferien für ihn eine Art gigantische Slack Time gewesen waren. Dazu kamen noch Martins Begegnung mit Herrn Vogel und dessen Prahlerei darüber, was sein Team alles in der Slack Time geschafft hatte.

Martin seufzte. Die Slack Time war ihm wie eine große Zeitverschwendung vorgekommen, die ihn von der Ventilfrage ablenkte. Aber jetzt war er da nicht mehr so sicher. Hatte er früher während des Studiums nicht, genau wie Tobias, tagelang besessen an einer Idee gearbeitet, ohne Rücksicht darauf, wie lange es dauerte oder ob es überhaupt einen Sinn machte? Sein Blick fiel auf das zweite Foto auf seinem Schreibtisch: Darauf waren ein sehr junger Martin und seine beiden Kommilitonen Frank und Moritz zu sehen. Und der Fluxkompensator, den sie in ihrer Freizeit im Studentenwohnheim gebaut hatten. Ihr Fluxkompensator war zwar kein Antrieb für Zeitreisen, wie der echte von Doc Brown und Marty McFly. Aber er war ein sehr raffinierter Apparat, um sich gewaltige Mengen Dosenbier einzuverleiben. Das waren Zeiten! Sie hatten lange daran getüftelt und nutzten ihn über ihre gesamte Studienzeit auf Partys in der WG. Frank, Moritz und er hatten aber nicht nur den Fluxkompensator gebaut, sondern auch sonst viel im Labor der Fakultät experimentiert, gebastelt, gebaut und zerstört.

Ihm fehlte das Experimentieren seiner Jugend und Studienzeit. Einfach einmal in Ruhe nach neuen Ideen suchen, Dinge ausprobieren, spielen. Vielleicht war die Slack Time ja eine gute Gelegenheit, dieses Spielerische wieder aufleben zu lassen. Aber konnten sie sich das wirklich erlauben, bei so viel Druck im Projekt?

Martin im Slack-Time-Rausch

Sechs Wochen später stellte Martin sich diese Frage nicht mehr. Es machte einfach zu viel Spaß. Er hatte sozusagen aufgegeben und Freitag, den Slack-Time-Tag, als für das Projekt verlorenen Tag akzeptiert. Und erst deshalb fing er an, die Slack Time zu genießen. Er hatte sich an eine Idee von vor zwei Jahren erinnert, einen radikal vereinfachten und billig zu produzierenden Kragel für Entwicklungsländer. Damals hatte er nicht daran weitergearbeitet, weil keine Zeit gewesen war. In den letzten zwei Wochen hatte er die Idee wieder aufgegriffen. Er war noch weit davon entfernt, mit diesem Projekt irgendetwas Produktives anstellen zu können, aber der Schwung der Experimente färbte auf seine allgemeine Stimmung und auch auf seine Produktivität ab. Weil er einen Tag in der Woche weniger hatte, konzentrierte er sich an den anderen Tagen besser und arbeitete effizienter. Ablenkungen wurden weniger und Meetings kürzer. Die Vorfreude auf sein Projekt am Freitag beflügelte ihn die ganze Woche über.

Nun eilte Martin den Flur hinunter. Er war gerade auf dem Weg zum zweiwöchentlichen Abschlussmeeting der Slack Time. Aus den kurzen Meetings, in denen jeder die Fortschritte und Ergebnisse seines Projekts vorstellte, hatte sich mittlerweile etwas Größeres entwickelt. Die Mitarbeiter trafen sich nicht nur am Ende des Tages für eine halbe Stunde, sondern teilweise schon Stunden vorher oder verbrachten gleich den ganzen Tag miteinander. Es hatten sich sogar Gruppen gebildet, die gemeinsam an Projekten arbeiteten. Das Ganze wirkte fast wie zu Unizeiten, als alle durcheinander saßen und redeten, mit Notebooks auf den Knien und Stiften in der Hand. Auf einem großen Whiteboard an der Wand standen Ideen, Aufgaben und wilde Skizzen. Bezeichnenderweise fanden diese Treffen in der Cafeteria statt, nicht in einem Meetingraum.

Martin betrat die Cafeteria. An einem Tisch saßen drei seiner Mitarbeiter zusammen: Cate, Johannes und Vassili. Als Cate ihn sah, winkte sie ihn herüber. »Martin, come here!«, begrüßte sie ihn aufgeregt, »Wir wollen dir etwas zeigen. Das könnte wirklich interessant sein.« Auf dem Tisch standen drei Notebooks, lagen unzählige Zettel, Ausdrucke und Skizzen.

»Ihr hattet scheinbar einen produktiven Tag«, antwortete Martin schmunzelnd.

»Ja, absolutely. Naja, du weißt doch, wir haben mit ein paar andere Materialien für die Kragel-Vorkammer experimentiert, die leichter sind und maybe auch kostengünstiger«, erklärte Cate. »Im Moment wir sind bei Kohlefaser. Interessant ist, dass die Kragel damit sind nicht nur leichter, sondern auch die Innendruck von die Kragel-Vorkammer ist niedriger. Wir dachten, vielleicht könnte das ...«

Martin unterbrach sie: »... eine Lösung für unser Problem mit den Ventilen sein? Das wäre vorstellbar.« Er dachte nach. »Dann bräuchten wir vielleicht gar keine besseren Ventile, weil die bestehenden Ventile weniger Druck aushalten müssten.«

»Genau. Und es kann sein, dass die Produktionskosten von die Kragel auch noch um ein bisschen gesenkt wird.«

»Warum sind wir denn vorher nicht darauf gekommen?«

»Ich weiß es nicht«, antwortete Cate. »Aber das ist nicht so wichtig jetzt, oder? Wollen wir ein paar Tests mit diese Ansatz bald machen?«

»Bald? Unbedingt, legt sofort am Montag los, Cate!«, sagte Martin. Er wollte es kaum glauben: Sollte er sich jetzt freuen, dass es einen neuen, vielversprechenden Ansatz für das Ventilproblem gab, oder ärgern, dass sie monatelang Tomaten auf den Augen hatten?

Nach zwei Wochen war klar, dass die Idee von Cate, Johannes und Vassili der bisher beste Ansatz war, um das Ventilproblem zu lösen. Als Martin Herrn Dressel davon erzählte, hatte dieser sogar den Anstand, nicht zu sehr zu triumphieren: »Sehen Sie, Herr Schweizer, manchmal sind neue Methoden ganz nützlich. Schön, dass Sie sich doch noch darauf eingelassen haben. Ehrlich gesagt hatte ich daran auch keinen Zweifel!«

In Absprache mit der Geschäftsleitung hatten sie den Ansatz aus der Slack Time herausgehoben und zu einem eigenen Projekt gemacht. Es hatte noch einmal ein zusätzliches Budget für weitere Tests gegeben, die bisher recht vielversprechend verlaufen waren. Wenn alles so weiterlief, konnten sie bald schon Prototypen bauen und danach das Produkt zur Marktreife bringen.

Eine Ehrung und ein neues Ziel

Sechs Monate später war der große Konferenzsaal »Arminia« bis auf den letzten Platz belegt. Gerade hatte Herr Dressel die aktuellen Quartalszahlen vorgestellt und angekündigt, dass der neue Kohlefaser-Kragel nächsten Monat auf der Münchner IMACon vorgestellt werden soll. Und dann hatte auch noch eine Ehrung stattgefunden.

Nach dem offiziellen Teil standen Martin und Herr Vogel sich mit einem Glas Sekt in der Hand gegenüber. »Deiner glänzt so schön neu«, sagte Vogel. »Wo hast du den denn fälschen lassen?«

Martin lachte. Prüfend berührte er das goldene Objekt an seinem Revers. »Der ist echt, Sebastian. Aber wo hast du das olle Teil an deiner Jacke denn her? Vom Flohmarkt? Wusste gar nicht, dass man da goldene Kragel bekommt. Sieht so aus, als hätte der seine besten Zeiten hinter sich.«

»Anders als wir«, sagte Vogel. »Mit der Slack Time und den anderen, äh, *workhacks*, sind wir doch bald unschlagbar.« Er grinste. »Und, Martin, was machst du in deiner nächsten Slack Time?«

»Da repariere ich die Kaffeemaschine.«

2.2   Reflexion: Unsere Erfahrungen mit der Slack Time

Eine schöne Geschichte. Ich konnte förmlich spüren, wie der auf Martin lastende Druck seine Energie, Freude und Kreativität behindert hatte. Ist das etwas, was euch in der Praxis häufig begegnet?

Oh ja. Absolut. Wir haben den Eindruck, es ist fast schon ein Wunder, dass überhaupt noch Innovationen in deutschen Unternehmen entstehen. Der Arbeitstag ist so überreguliert und getaktet, dass es keine Zeit zum Sinnieren, Ausprobieren und kreativen Loslassen gibt. In Studien und Analysen wird bestätigt, dass in den meisten Unternehmen nicht übermäßig produktiv gearbeitet, sondern zu viel »Arbeitstheater« gespielt wird – mit Meetings, Protokollen und vor allem mit Plänen und ihrer ständigen Aktualisierung. All das, um politische Spiele zu spielen und die Illusion von Kontrolle aufrechtzuerhalten. Dabei müssten wir eigentlich darüber nachdenken, wie man einer guten Idee den Weg bereitet und die Mitarbeiter von unsinniger Bürokratie befreit, damit man für die Kunden des Unternehmens produktiv sein kann.

Ist es nicht ein bisschen naiv zu glauben, dass eine Slack Time dieses Problem behebt?

Nun, bei der Slack Time geht es ja darum, sich wieder eine zeitliche Insel zu schaffen, um an einem Thema zu arbeiten, das mich als Mitarbeiter beschäftigt und wirklich interessiert, mich schon lange stört oder mich herausfordert. Viele Leute gehen mit einer bestimmten Leidenschaft in einen Job – genau wie Martin, der schon immer gern Maschinen erfunden hat. Und diese Leidenschaft geht im Job leider häufig verloren, weil neben all der Bewältigung der Bürokratie wenig Platz bleibt für die Leidenschaft.

Und wenn für diese Zeitinseln keine Zeit ist?

Das Gute an *workhacks* ist, dass sie im Zusammenspiel diese Zeitinseln wieder ermöglichen. Wenn Meetings kürzer werden und man bei der Arbeit an Konzepten nicht immer unterbrochen wird, erhöht sich die Chance auf mehr Zeit gewaltig. Wenn »keine Zeit« das Hauptargument ist, sollte man vielleicht mit einem anderen *workhack* als Slack Time starten.

Neben dem Zusammenspiel der *workhacks* ist es vielleicht auch verhandelbar, welche Prioritäten verändert werden. Brauchen Unternehmen den nächsten Bericht oder die nächste Budgetplanung wirklich dringender als die nächste praktische Lösung oder Innovation? In vielen Unternehmen hat sich die Bürokratie verselbstständigt und sie ist wichtiger geworden als die Arbeit am Produkt oder für den Kunden. Oder anders gesagt: Das vermeintlich Dringende verdrängt zu häufig das Wichtige.

Workhacks leben davon, dass man etwas Neues beginnt, auch wenn es Hürden gibt. Ein *Hack* macht gerade dann besonders viel Spaß, wenn man bereits einige Versuche hinter sich hat, die Situation zu verändern, aber die Versuche gescheitert sind. Häufig werden bei großen Problemen auch große Veränderungsprogramme entwickelt. Klingt erstmal ganz logisch, kann aber auch Geld- und Zeitverschwendung bedeuten. Nehmen wir an, die Innovationskraft eines Unternehmens ist zu gering, und das Management wird sich dessen bewusst. Was werden sie tun? Meist holen sie sich Berater ins Haus, die dann ein Konzept entwickeln, um die Innovationsfähigkeit wieder zu beleben. Diese Berater leben davon, möglichst viele Tage zu verkaufen, und so wird es ein aufwendiges Projekt mit vielen Manntagen. Das ist genau das Gegenteil von minimalinvasiv. Ein *workhack*-Vorgehen soll eher dem Gedanken folgen: Wie können wir mit möglichst wenig Aufwand den größtmöglichen Nutzen erzielen?

Um noch einmal auf die Zeit zurückzukommen: Ja, eine Slack Time braucht Zeit, und diese Zeit ist eine Investition. Die Kosten-Nutzen-Kalkulation spricht aber für die Slack Time, weil sie eben mit sehr wenig Aufwand einen großen Nutzen erzielt.

Aber spielt beim Thema Innovation nicht auch die Kreativität eine Rolle? Zeit ist ja nicht die einzige Voraussetzung. Wie seht ihr das?

Ja, Zeit ist erstmal nur die »technische« Voraussetzung. Wir wissen aus der Forschung, dass wir Zeit und Raum brauchen, um uns zu sammeln, kreativ zu sein und an Dingen zu arbeiten, die sich nicht nebenher in der täglichen Routine bewältigen lassen. Viele Wissenschaftlerinnen raten Eltern dazu, ihre Kinder nicht dauernd zu »bespaßen«, sondern auch Raum zu lassen für so etwas wie Langeweile. In der Langeweile beginnt eine ganz andere Auseinandersetzung mit den eigenen Interessen, und in dieser offenen Stimmung entstehen auch neue Gedanken. Studien dazu zeigen, dass die Kreativität in Phasen unverplanter Zeit deutlich höher ist als in einer Phase höchster Konzentration.

Keine oder wenig vordefinierte Regeln erhöhen die Chance auf ungewöhnliche Gedankengänge und Experimente. Durch den entstehenden Raum und die fehlende Anordnung von »oben« entsteht wieder Platz für die Leidenschaft, wegen der man eigentlich den Job macht. Kollegen ziehen an einem Strang, es wird ausprobiert und verbessert, Regeln und Prozesse spielen einmal nicht die Hauptrolle. Das kann sehr motivierend sein, und die Ergebnisse sind nicht nur hilfreich für die eigene Motivation, sondern auch im Endergebnis für das Unternehmen. Mit diesem Instrument haben Unternehmen in 24 Stunden schon Probleme behoben, die sie im Alltag nicht in einem ganzen Jahr gelöst hätten.

Aber es ist doch schon schwierig, das für eine große Anzahl von Mitarbeitern zu machen. Da legt man ja die ganze Organisation lahm. Kann das nicht jeder für sich selbst organisieren? Warum sollte das gleich die ganze Abteilung oder gar das gesamte Unternehmen gleichzeitig tun?

Wir erleben häufig, dass Unternehmen argumentieren, jeder Mitarbeiter könne das für sich selbst entscheiden. Dass jeder seine Slack Time zu seiner Zeit machen kann und gern auch alle Teamkollegen ansprechen darf – klingt zwar ganz schön, ist aber in der Praxis zum Scheitern verurteilt. Das macht dann einfach niemand – und dann hilft die Idee nicht. Sie beruhigt nur das Gewissen, dass man es ja versucht habe.

Hier kommt wieder das Thema »Veränderung von Routine« ins Spiel. Wie bereits gesagt, ist es schwierig, ein Verhalten oder eine Routine zu verändern. Die Erfolgswahrscheinlichkeit erhöht sich enorm, wenn nicht einer für sich allein diese Routine verändert, sondern das in der Gruppe tut. Unsere Kurzgeschichte zeigt sehr gut, wie das funktionieren kann.

Bei der Slack Time ist es besonders wertvoll, wenn sich Teamkolleginnen und Kollegen mit unterschiedlichen Hintergründen und Erfahrungen zusammentun und ein gemeinsames Projekt starten. Eine gemeinsame Auszeit – über

Abteilungsgrenzen hinweg – ist dafür Bedingung. Die Kolleginnen und Kollegen in den Nachbarabteilungen müssen ansprechbar sein, damit eine Idee verbessert werden kann. Im Arbeitsalltag ist das häufig nicht möglich. Daher braucht es eine Slack Time für alle und nicht den Appell, dass die Slack Time jedem Einzelnen überlassen bleibt.

Es gibt zudem einen weiteren Grund, die Slack Time und alle anderen *workhacks* im ganzen Team – oder auch unternehmensweit – einzuführen: Nur so wird die Aufbruchsstimmung verstärkt. Die Veränderung der Arbeitsweise eines Einzelnen kann belächelt oder auch bewundert werden – sie hat in der Regel keine Auswirkungen auf die Routinen in einer Gruppe. Aber wenn sich eine Gruppe entschließt, gemeinsam etwas Neues auszuprobieren, beginnt damit das, was viele Unternehmen wollen: ein Kulturwandel.

Der dritte Vorteil der gemeinschaftlichen Einführung einer Veränderung ist die Schaffung von Synergie und gegenseitiger Inspiration. Die Slack Time an sich ist lediglich ein Startpunkt, um überhaupt anzufangen und einen Raum für Innovation zu schaffen. Im besten Fall bilden sich daraus Folgeprojekte und Initiativen, die sich durch die Slack Time gefunden haben und fähig sind, echte Innovationen hervorzubringen und entsprechende Produkte und Dienstleistungen zu entwickeln. Häufig entwickelt sich eine spürbare Leidenschaft und es entsteht eine Dynamik in diesen Gruppen, die ansteckend wirken und somit weitere Kollegen mitreißen kann.

Es geht also vor allem darum, Raum für Ideen zu schaffen und einen Anfang zu machen. Das funktioniert selbst in sehr traditionsreichen und hierarchischen Unternehmen sehr gut, ohne Umbau der Struktur oder Abschaffung von hierarchischen Ebenen.

Dass sich Folgeeffekte ergeben, ist bei der Slack Time besonders erfolgversprechend, aber auch bei allen anderen *workhacks* ist die Wahrscheinlichkeit groß, dass es nicht nur bei der Ausübung der *workhacks* bleibt, sondern weitere Veränderungen in Gang kommen.

Slack Time

Kurzbeschreibung

Eine bestimmte Zeit pro Woche oder im Monat wird zur freien Verfügung für eigene Projekte gestellt, zum Beispiel wie bei Google ein Wochentag (daher auch die alternative Bezeichnung »20 % Time«). Das kann für eine Abteilung oder das ganze Unternehmen gelten. Bedingung: Das Projekt muss mit dem Geschäft des Unternehmens zu tun haben, und jeder stellt regelmäßig kurz vor, was er oder sie in dieser Zeit gemacht hat. Dabei sind schon sehr hilfreiche Produktideen und Problemlösungen für Organisationen entstanden. Im Rahmen dieser Methode kann auch ein schwarzes Brett eingesetzt werden, auf dem steht, wer woran arbeiten will. So können sich Teams selbstorganisiert finden.

Der *workhack* ist hilfreich bei ...

- Die Slack Time gibt Mitarbeitern Sinn, Autonomie und Meisterschaft (nach Daniel H. Pink).
- Sie führt zur Auflösung eingefahrener Denkmuster.
- Die Slack Time erleichtert die Entwicklung neuer Ideen und Innovationen.

Was Sie beachten sollten

- Die Slack Time darf nicht zur »120 % Time« werden. Die Arbeit am eigenen Projekt sollte nicht zusätzlich zur eigentlichen Arbeitszeit erfolgen.
- Die Slack Time sollte für alle Mitarbeiter zur gleichen Zeit stattfinden.
- Aus der Slack Time können »echte« Produkte oder Dienstleistungen für das Unternehmen hervorgehen – aber sie müssen nicht. Es sollte kein Ergebnisdruck in der Slack Time herrschen.

Hilfsmittel

- ggf. gemeinsamer Arbeitsraum
- ggf. schwarzes Brett, an dem Aufgaben beschrieben werden und sich Gruppen finden können

3 Workhack Timeboxing

von Céline Iding

3.1 Kurzgeschichte: Durch Zeitbegrenzung zu mehr Produktivität

Dienstag, 25.04., 14:56 Uhr

Beate dachte nach. Woran erinnerte sie dieses Notizheftchen, das Martin da vor sich liegen hatte? Das hatte sie heute doch schon mal irgendwo gesehen. Wo war das gewesen? Beate ging innerlich den bisherigen Tagesablauf durch. Sie war heute Morgen aufgestanden. Ins Bad, hatte geduscht, sich angezogen, gefrühstückt. Nein, doch nicht, gefrühstückt hatte sie heute Morgen nicht zu Hause, denn das Brot war alle gewesen. Also hatte sie zu Hause nur noch ihre Zähne geputzt, sich geschminkt und war aus dem Haus gegangen. Auf dem Weg zur Arbeit war sie beim Bäcker vorbei und hatte sich ein belegtes Brötchen geholt.

Ah, beim Bäcker – da war es gewesen! Der Mann in der Schlange vor ihr hatte in genau so einem Notizheftchen geblättert. Nach der Arbeit müsste sie also Brot für das Frühstück morgen kaufen. Was noch? Tomaten hatte sie. Auch noch genug Zwiebeln? Lieber noch welche kaufen. Und natürlich Spaghetti. Heute Abend sollte es Pasta geben. Eine einfache, unspektakuläre Sauce. Mehr war nicht drin nach so einem Arbeitstag, nach so einem Meeting.

Während Beate all diesen Gedanken nachhing, saß sie noch in eben diesem Meeting. Es war der wöchentliche Jour Fixe, zu dem alle aus der Fertigungsplanung zusammenkamen, um aktuelle Themen zu besprechen. Daran nahm selbstverständlich auch ihr Chef, Thomas Merzinger, teil, der sich gerade zum 24. Mal wiederholte und sich über die Konkurrenz aus China in der Prozessoptimierung beschwerte. Beate kannte die Phrasen schon beinahe auswendig.

»Die machen uns Druck, Leute! Wir müssen dagegensteuern, sonst gehen wir unter.«

Er hatte ja recht. Aber irgendwie drehten sie sich in jedem Meeting wieder im Kreis, wenn sie auf dieses Thema zu sprechen kamen. Immer dieselben Ideen und Vorschläge, von denen am Ende die Hälfte gar nicht erst verfolgt wurde.

Oh, Herr Merzinger schien gerade zum Ende seiner Ausführungen zu kommen. Jawohl, das Meeting konnte sich nun dem nächsten Agendapunkt zuwenden: mögliche neue Workflows im Gussverfahren. »Mal sehen, wie lange er sich darin verlieren kann …«, dachte Beate. Wann war sie so sarkastisch geworden? Sie mochte ihre Arbeit, ihre Aufgaben, die Genauigkeit, mit der die Prozesse geplant werden mussten, den Großteil der Kollegen, die Arbeit für ein Familienunternehmen.

Ja, sie standen aktuell vor einigen Herausforderungen. Aber die konnten sie lösen, da war sich Beate sicher. Aber nicht, wenn sie gefühlt die Hälfte der Zeit in diesen sinnlosen Meetings festsaßen …

Aber so waren Meetings nun mal.

Merzinger war soeben tatsächlich zum Punkt gekommen und blickte erwartungsvoll in die Runde. Zeit wieder einzusteigen: »Gut, dann kommen wir hiermit zum dritten Agendapunkt. Wir hatten letzte Woche ja bereits kurz über Probleme in der Personalplanung für Halle 4 gesprochen –«

»Ah ja«, unterbrach sie Herr Merzinger, »gut, dass Sie es sagen, Frau Schlier. Wie war das noch, ach, vielleicht fasst noch einmal jemand die Problematik von letzter Woche kurz zusammen und wir brainstormen, wie wir damit umgehen.«

Beate ahnte: Das Meeting würde noch ein Weilchen dauern.

Nach insgesamt 164 Minuten Jour Fixe lief Beate den Gang vom Meetingraum zu ihrem Arbeitsplatz hinunter. Ihr Hals war ganz trocken von der stickigen Luft im Meetingraum. Sie bog ab in die Küche, um sich ein Glas Wasser zu holen, und rempelte geradewegs in Werner Hagenhoff. »Oh, Sorry, Werner, das war keine Absicht!«

»Moin Beate! Was lässt dich denn so düster dreinblicken?«

»Ach, wir hatten gerade mal wieder unser Meeting ...«, sagte Beate und rollte vielsagend die Augen.

»Ah, verstehe. Mal wieder viel wichtig sein und dabei nix rumkommen lassen, was?«

Beate musste lachen und seufzte dann: »Ja, so ungefähr ...«

»Dem Merzinger muss man halt nach zwei Minuten das Wort abschneiden, der redet sonst endlos.«

»Ja, das würde ich wirklich manchmal gerne machen. Aber du weißt ja, wie es ist, stattdessen sitzen wir alle brav auf den Stühlen und hoffen, dass wir bald doch noch zum nächsten Thema kommen«, sagte Beate, schüttelte den Kopf und nahm einen Schluck von ihrem Wasser. Werner lachte auf:

»... und dann geht es wieder zehn Minuten lang um das nächste unwichtige Detail. Ja ja, Beate, ich kann es mir vorstellen. Jetzt muss ich aber weiter, halt die Ohren steif!«

Der restliche Tag verging mit den üblichen Berechnungen, E-Mails und Telefonaten. Auf dem Heimweg erledigte Beate noch die Einkäufe. Zu Hause angekommen gab es Spaghetti mit einer leichten Tomatensauce, wie im Jour Fixe geplant. Ach ja, das Meeting. Beate hatte es geschafft, nach dem Gespräch mit Werner zurück in ihre Aufgaben für den Tag zu finden und nicht mehr weiter daran gedacht. Jetzt spürte sie aber wieder kurz dieses Gefühl der Erschöpfung, das sie öfter nach solchen ausufernden Besprechungen überkam. Das Gefühl, dass das alles nicht besonders produktiv war. Was hatten sie letztlich besprochen? Was waren nur Detaildiskussionen gewesen? Stopp. Jetzt war Feierabend. Beate wischte die Gedanken beiseite und schaltete den Fernseher für eine Folge dieser neuen dänischen Krimiserie an.

Die Woche ging so normal weiter, wie sie begonnen hatte. Am Freitag sendete Merzinger eine E-Mail an das Team.

> Betreff: Jour Fixe nächsten Dienstag
> Liebe Kollegen,
> am kommenden Dienstag um 15:30 Uhr kommen zwei Vertreter von FraGuss, um mit uns Verbesserungen im Gussverfahren zu besprechen. Ausnahmsweise müssen wir es also schaffen, unser Meeting bis dahin halbwegs durchzukriegen. Ich bitte euch alle, ein Auge darauf zu haben, damit uns dennoch ein gutes Meeting gelingt.
> LG
> TM

»Ich bitte euch alle, ein Auge darauf zu haben.« Beate schüttelte schmunzelnd den Kopf. Wenn der Merzinger selbst öfter mal ein Auge auf seine eigene Redezeit hätte, könnten sie schon mal viel Zeit sparen. Aber natürlich war er auch nicht der Einzige, der das Meeting in die Länge zog. Manchmal wusste Beate selbst nicht genau, warum die Meetings so ausuferten – irgendwie waren ja alle daran beteiligt. Gut, Dienstag also nur eineinhalb Stunden. Mal sehen, dachte Beate, und ging in die Küche, um sich einen Kaffee zu holen.

Dienstag, 02.05., 15:32 Uhr

Beate stand in der Küche und guckte der Kaffeemaschine zu, wie sie die letzten Tröpfchen in ihre Tasse kleckerte. Sie hatten tatsächlich pünktlich um 15:25 Uhr das Meeting beendet und Merzinger und Ingo, einer ihrer Kollegen, waren hinausgerauscht, um die Gussverfahren-Leute zu treffen. Gerade zum Ende waren einige Agendapunkte etwas zu kurz gekommen. Beate wollte eigentlich noch besprechen, dass die Probleme in der Personalplanung noch nicht ausreichend gelöst waren, doch Merzinger hatte daraufhin zum zweiten Mal eingeworfen: »Bitte denken Sie daran, dass wir gleich losmüssen. Wir müssen ja auch noch die Punkte 8.2 und 8.3 besprechen.« Diese Punkte waren also nur hastig und oberflächlich runtergerattert worden. Aber auf der anderen Seite stellte sie fest, dass die Themen davor etwas fokussierter besprochen worden waren als sonst. Es schien ihr, als hätten die Kollegen sich teilweise stärker auf das Thema konzentriert und wären schneller zum Punkt gekommen. Allerdings waren sie in der Mitte des Meetings dann doch wieder in den üblichen Diskussionsmodus verfallen: weites Ausholen, Detaildiskussionen, Abweichungen vom Thema und Wiederholungen beherrschten dann das Meeting. Ihr Eindruck verschärfte sich, dass einige Teilnehmer erst beim Reden zu denken anfingen. Das waren wohl die Minuten, die ihnen dann am Ende gefehlt hatten. Womöglich hätten sie es sonst tatsächlich in eineinhalb Stunden gut durchbekommen. Ein leichter Schlag an die Schulter riss Beate aus ihren Gedanken. »Moin Beate, was macht das Leben?«

Beate wandte sich um. »Ach, hi Werner! Alles ganz gut soweit! Ich komme gerade wieder aus unserem Jour Fixe –«

»Oh, wurdest du also grad wieder vom Merzinger bequasselt?«, schob Werner dazwischen. Beate schüttelte mit hochgezogenen Augenbrauen den Kopf: »Du wirst es nicht glauben. Heute sind wir tatsächlich mal ganz gut durchgekommen. Aber auch nur, weil Merzinger und ein paar Kollegen pünktlich um 15:30 Uhr raus mussten.«

»Ja, wenn es dann mal drängt, dann läuft die Kiste auf einmal, nech? Kenn ich. Würde man sich öfters so wünschen!«

»Ja, absolut. Also, einige Punkte kamen am Ende zu kurz, aber insgesamt waren alle etwas konzentrierter bei der Sache.«

»Ja, du, da weißt du doch, was du machen musst: Sorg' ab jetzt einfach immer dafür, dass ihr irgendeinen ganz wichtigen Termin nach dem Meeting habt!«, sagte Werner lachend und verabschiedete sich daraufhin schon wieder mit einem Augenzwinkern aus der Küche.

Dieser Werner war schon ein lustiger Kauz. Aber ja, öfter so eine zeitliche Begrenzung zu haben, wäre wirklich nicht schlecht, oder? Beate beschloss, sich mal Holger Benting zu schnappen. Ein ruhiger, besonnener und introvertierter Typ, von dem sie aber eines wusste: Er liebte Effizienz. Ein wenig mehr davon in den Meetings zu sehen, war bestimmt auch in seinem Sinne.

»Huhu, Holger, passt es gerade bei dir?« Beate hatte den Kopf in Holgers Büro geschoben und strahlte ihn an. Holger blickte auf: »Äh, ja klar! Was gibt's?«

Beate setzte sich auf den freien Stuhl neben Holgers Schreibtisch. »Wie fandest du das Meeting heute?«

Holger zog die Augenbrauen zusammen, als würde ihn die Frage wundern.

»Ganz normal eigentlich, oder? Etwas hektisch am Ende … Naja, aber dafür sind wir doch ziemlich gut durchgekommen. Hätte nicht gedacht, dass wir das schaffen in eineinhalb Stunden.«

Beate nickte heftig den Kopf. »Ja, oder? Fand ich auch! Zum Schluss kamen einige wichtige Punkte zu kurz, aber ich war wirklich überrascht, wie fokussiert manche Beiträge davor waren.«

»Eigentlich ganz praktisch, dass wir so einen Zeitdruck hatten!«, lachte Holger.

Beate hob die Hände: »Ja! Du, ich habe darüber nachgedacht und glaube, es lag wirklich daran. Du bist ja auch jemand, der sich häufig in den Meetings zurückhält, wenn ich das mal so sagen darf. Aber immer, wenn du was sagst, dann ist das auf den Punkt gebracht. Kein großes Um-den-heißen-Brei-Reden. Im Gegensatz zu unserem lieben –«

»Merzinger«, kam Holger ihr zuvor. »Ja, manchmal kommen er und andere stark vom Thema ab. Ich merke, dass ich deshalb schon manchmal zu Punkten, zu denen ich noch etwas beitragen könnte, nichts mehr sage, einfach weil ich denke, dass wir dann schnell in der nächsten ungeplanten Diskussionsrunde landen. Und dann behalte ich meine Gedanken lieber für mich …«

Beate horchte auf. Was sagte Holger da gerade? Es konnte doch wohl nicht sein, dass Teamkollegen möglicherweise wichtige inhaltliche Beiträge zurückhielten, nur weil sie an anderen Stellen so viel Zeit verloren. Mit der aktuellen Art, wie sie die Meetings durchführten, verschwendeten sie also nicht nur Zeit für unwichtige Dinge. Wichtige Beiträge gingen dabei auch noch flöten. Beate hatte nun endgültig den Entschluss gefasst, etwas an dem Meeting zu ändern.

»Ja, Beate, worauf willst du denn eigentlich hinaus?« Holger blickte sie fragend an.

»Ich glaube, wir sollten unseren Jour Fixe mal überdenken. Wie wäre es, wenn wir jeden Jour Fixe zeitlich begrenzen würden?«

Wandel und neue Ideen gehörten bei Krageltec selten zur Tagesordnung. Meistens besann man sich darauf, erstmal so weiter zu machen wie bisher. Aber war es nicht genau diese Trägheit, die es der Konkurrenz aus China so leicht machte, schneller auf spontane Kundenwünsche zu reagieren und damit genau den Druck auf Krageltec auszuüben, über den sich Merzinger immer so aufregte? Beate wusste, dass sie mit Holger jemanden vor sich hatte, der Änderungen positiv gegenüberstand. Zudem hatte sie oft gesehen, wie er etwas frustriert aus dem Meeting geschlurft war.

»Find ich gut. Bin dabei«, unterbrach Holgers Stimme Beates Gedanken.

Zehn Minuten später kam Beate aus Holgers Büro und fühlte sich voller Energie. Der Gedanke, mit einer kleinen Veränderung möglicherweise die Besprechungen für alle angenehmer und produktiver zu machen, beflügelte sie. Holger und sie hatten noch besprochen, wie sie die zeitliche Begrenzung umsetzen wollten. Er hatte eingeworfen, es sei eine große Herausforderung, dass die Punkte am Ende nun nicht jedes Mal zu kurz kommen würden, sondern das Meeting gleichmäßig fokussiert abliefe. Sie taten sich außerdem schwer zu entscheiden, wie viel Zeit sie den anderen für das Meeting vorschlagen wollten. Die Agenda war ja auch nicht immer gleich lang, entsprechend könnte mal mehr, mal weniger Zeit benötigt werden. Letztlich einigten sie sich darauf, es einfach noch einmal mit eineinhalb Stunden zu versuchen und dann zu schauen, wie es funktionieren würde.

Blieb noch die Frage, wie sie es Merzinger vorschlagen würden.

Beate klopfte an Merzingers Bürotür. »Ja, bitte!« Merzinger guckte nicht auf, als Beate eintrat, sondern starrte stattdessen angestrengt auf seinen Bildschirm. Beate nahm Platz und blickte ihn erwartungsvoll an. Es dauerte ein paar Sekunden, dann hob Merzinger kurz den Blick vom Bildschirm zu Beate. »Frau Schlier, was gibt's?« Und sein gewinnendes Lächeln erschien auf seinem Gesicht. Das hatte er echt drauf. Was auch immer Merzinger gerade am Computer angeschaut hatte, es war kein Stimmungsheber gewesen, das hatte Beate an seinem Gesichtsausdruck lesen können. Und trotzdem schaffte er es, einen direkt danach so anzulächeln. Eine beneidenswerte Fähigkeit, das musste man ihm lassen.

Ermutigt vom Lächeln legte Beate los: »Herr Merzinger, es geht um unser Meeting am Montag. Holger Benting und ich hatten nach dem letzten –«

Das Telefon klingelte. »Oh, sorry, einen Moment bitte.«

Merzinger nahm ab: »Ja?« Das Lächeln erstarb. »Ja, habe ich gerade bekommen.« Die Stirnfalten waren nun zurück. »Mhm. Ja. Ja, ich melde mich gleich noch einmal dazu. Gut. Bis gleich.« Und der Hörer fiel klickend zurück auf die Anlage. Merzinger blickte auf die Tischplatte und atmete hörbar aus. »Die Preispolitik der Chinesen. Sieht mal wieder nicht schön aus.« Er machte eine kurze Pause. Dann blickte er auf und es gelang ihm zumindest ein mildes Lächeln. »Sorry, wo waren wir. Sie wollten eine Idee vorschlagen? Zum Meeting?«

»Ja genau«, begann Beate wieder, »Holger Benting und ich fanden, dass im letzten Meeting –«

»War stressig, oder? Tat mir auch leid. Solche Meetings brauchen eigentlich mehr Zeit. War blöd, dass der Termin dazwischenlag.«

Beate holte Luft. »Nein, das sehe ich tatsächlich anders. Herr Benting und ich hatten das Gefühl, dass das Meeting gerade durch die Zeitbegrenzung in Teilen viel produktiver lief als sonst.« Merzinger hob die Augenbrauen. »Und wir möchten vorschlagen, dass das nächste Meeting ebenfalls in einem vorher festgelegten Zeitrahmen stattfindet«, beendete Beate ihren Vorschlag.

»Das überrascht mich ein wenig, insbesondere nachdem doch gerade Herr Bentings Punkt viel zu kurz kam wegen dieses Zeitlimits. Wie soll das produktiv gewesen sein?«, entgegnete Merzinger.

»Nun, ja, das stimmt, darüber haben wir auch gesprochen. Wir müssten es schaffen, die Zeit so einzuteilen, dass so etwas nicht passiert. Aber insgesamt fanden wir, dass der Großteil unserer Themen knapper und fokussierter besprochen wurde als sonst. Wir haben uns stärker auf die Knackpunkte konzentriert und sind weniger … abgedriftet«, erklärte Beate und hoffte, Merzinger würde sich nicht auf den Schlips getreten fühlen. Schließlich war es ja vor allem er, der gerne abschweifte. Aber vielleicht war ihm das gar nicht bewusst?

»Mhm. Mhm. verstehe. Nun ja, also ich bin mir nicht sicher, ob es Sinn –«

Und wieder klingelte es.

»Herrgott! Einen Moment, Frau Schlier«, sagte Merzinger, während er zum Hörer griff. »Ja, alles klar. Ja, es geht. Einen Moment.« Merzinger hielt die Hand vor den Hörer und flüsterte: »Machen Sie mal, Frau Schlier. Ich habe jetzt grade zu viel zu tun hier. Aber Sie machen das schon.«

Nach dieser Floskel wandte sich Merzinger wieder seinem Telefonat zu. Beate stand langsam auf und ging aus seinem Büro. Hm, das war leichter gewesen, als sie gedacht hatte. Allerdings wirkte er auch nicht so richtig überzeugt von der Idee. Mal sehen, was der Rest des Teams sagen würde.

Dienstag, 09.05., 13:54 Uhr
Beate hatte in Absprache mit Holger eine E-Mail geschrieben und das Team informiert, dass sie das Meeting dieses Mal erneut auf eineinhalb Stunden begrenzen wollten. »Je besser ein jeder vorbereitet ist und je fokussierter wir die Themen besprechen können, desto schneller sollten wir durchkommen ;)« hatte sie noch in der E-Mail hinzugefügt.

»Wollt ihr etwa sagen, ich sei sonst nicht gut genug vorbereitet?«, schrieb Anke, eine Projektingenieurin aus der Abteilung, zurück, fügte aber noch an: »Ich finde es eine gute Idee ;-) Lasst es uns probieren!«

Die anderen reagierten erstmal nicht auf die Ankündigung. Beate hatte das Gefühl, nicht alle würden die Zeitbegrenzung so locker sehen wie Anke. Etwas Überzeugungsarbeit würde wohl noch zu leisten sein. Aber falls das Meeting gut laufen sollte, wäre dies ja möglicherweise schon Argument genug.

Kurz vor 14:00 Uhr kam Merzinger in den Konferenzraum, wo Beate, Holger und ihr Kollege Ingo schon warteten. »Hallo zusammen.« Merzinger steuerte direkt auf Beate zu. »Frau Schlier, wir hatten ja letztens nicht so viel Zeit, ihre Idee zu besprechen. Ich wollte noch sagen: Ja, wir probieren es meinetwegen noch mal aus. Aber mir ist wichtig, dass wir hier eine sinnvolle Besprechung haben. Das ist mir wichtiger, als pünktlich Schluss zu machen. Also, seien Sie mir nicht böse, wenn ich Ihnen dazwischengrätsche. Wir haben viele wichtige Punkte auf der Agenda und die müssen auch alle zur Sprache kommen. Nur, dass Sie Bescheid wissen«, sagte Merzinger und lächelte Beate verständnissuchend an.

»Ähm, ja, alles klar«, war alles, was Beate hierzu einfiel. Genau darum ging es ihr ja: eine *sinnvolle* Besprechung zu halten. Das schien Merzinger noch nicht so ganz begriffen zu haben. Aber egal, Hauptsache sie und Holger durften ihr kleines Experiment durchführen, danach würde Merzinger schon verstehen. In diesem Moment setzte sich Merzinger auf seinen Platz und blickte sie erwartungsvoll an: »Nun gut, dann fangen wir doch mal an.«

»Ach, so schlecht fand ich es nun auch nicht, Beate«, sagte Holger nach dem Meeting und nahm noch einen Schluck von seinem Kaffee. »Die Leute sind das halt nicht gewöhnt ...«

»Hm. Ja, aber irgendwie hatte ich mir trotzdem noch einen etwas stärkeren Unterschied vorgestellt, auch im Vergleich zum letzten Meeting«, sagte Beate und schüttelte dabei gedankenverloren den Kopf.

Das Meeting war –

keine Katastrophe gewesen. Aber eben auch nicht richtig gut. Nicht so produktiv und schnell wie Beate es sich vorgestellt hatte. Aber gut, Holger hatte auch recht. Insbesondere zu Beginn war es ähnlich gut gestartet wie das Meeting zuvor, das durch den Termin zeitlich beschränkt war. Beate hatte das Meeting moderiert, indem sie den jeweiligen Punkt nannte und dem dafür Zuständigen das Wort erteilte. Um zu signalisieren, dass das Thema beendet ist, hatte sie vorgeschlagen, dass der aktuelle Sprecher abschloss mit »Ich bin fertig« oder »Ich gebe ab«. Das Meeting so zu moderieren, hatte für viel mehr Struktur gesorgt. Es redete meistens nicht einfach jemand los, der gerade eine Idee hatte, sondern es sprach diejenige Person, die sich vorher überlegt hatte, was zu diesem Thema gesagt oder entschieden werden musste. Diese Kollegen wussten somit, worüber geredet werden sollte, welche Fragen in diesem Meeting zu klären waren und welche Themen irrelevant waren. Dadurch, dass Beate ihnen so aktiv das Wort erteilte, schienen sich die Zuständigen viel stärker für die jeweilige Diskussion verantwortlich. So ergab es sich, dass Anke feststellte »Wir weichen gerade vom Thema ab, lasst uns zum eigentlichen Punkt zurückkommen«, als sie sich bei ihrem Agendapunkt »neue Maschinenbedarfe in der Walzfräsung« auf einmal dem Thema der digitalen Kapazitätenplanung zuwandten. Nicht alle waren allerdings von sich aus so bemüht, die Gespräche fokussiert zu halten, wie Beate in der Mitte des Meetings feststellen musste. Ingo und Merzinger entfachten eine Diskussion um Industrie 4.0, die so gar nicht geplant war, und es war schwierig gewesen, sie dabei zu unterbrechen. Beate hatte zwei Mal versucht, sie wieder einzufangen und Sätze gesagt wie: »Das Thema ist ja eigentlich das neue Prozessverfahren in Halle 3. Was müssen wir dazu noch Wichtiges klären?« Doch Ingo und Merzinger hatten sich davon nicht weiter beeindrucken lassen und weiter am Thema vorbei diskutiert. Sie redeten in einem Schwall und für Beate und alle anderen Teilnehmer schien in diesem Schlagabtausch einfach kein Platz zu sein. Schließlich hatte sie noch einmal kurz eingeworfen: »Bitte denkt an die Zeit. Wäre ja prima, wenn wir zeitlich durchkommen wie geplant.« Aber das hatte sich auch komisch angefühlt. Danach hatte sie nur noch manchmal angestrengt auf ihre Uhr geblickt und wissende Blicke mit Holger ausgetauscht: Sie würden nicht in den geplanten 90 Minuten durchkommen. Und natürlich hatte auch Merzinger sein »Versprechen« gehalten und war am Ende noch dazwischengegrätscht: »Ja, ich weiß, 90 Minuten und so. Aber jetzt reißt euch bitte nochmal zehn Minuten länger zusammen. Wir müssen noch die nächsten Schritte in der Aktualisierung unserer Gussverfahren besprechen.« Daraufhin hatte er erst einmal acht Minuten lang über sein Treffen mit den Vertretern von letzter Woche philosophiert, bevor er überhaupt zu dessen Ergebnis kam. Aus den »zehn Minuten länger zusammenreißen« wurden letztlich 42 Minuten. Beate ahnte, die Extrovertierteren, allen voran Merzinger, daran zu gewöhnen, nicht einfach jederzeit und so lange sie wollten zu reden, würde nicht so leicht werden.

»Beate, lass uns weiter daran feilen. Wir gehen doch in die richtige Richtung damit«, wagte Holger den vorsichtigen Versuch, sie zu ermutigen.

»Ja, vielleicht habe ich zu viel auf einmal gewollt«, räumte Beate schließlich ein. »Aber es war schon nicht schlecht, da hast du recht.« Sie seufzte und ging zurück an ihren Schreibtisch.

Ein schneller Blick ins Mailfach: eine neue Nachricht.

Sie war von Fabian, dem Praktikanten.

Hi Beate,
wollte dir nochmal sagen, dass ich es cool finde, dass Holger und du das Meeting verbessern wollt. Ich habe mir auch schon das ein oder andere Mal gedacht, dass wir das doch bestimmt auch etwas zackiger hinkriegen könnten. Glaube, eine zeitliche Begrenzung ist da eine gute Idee – ich fand, dass es in Teilen heute schon Wirkung gezeigt hat. Wir hätten normalerweise doch sonst noch locker 30 Minuten drangehängt durch irgendeine Zusatzdiskussion. Ich kenne dieses »Timeboxing« aus meiner Debattiervergangenheit. Ich war als Schüler in der Debattier-AG an unserer Schule und dort war es üblich, dass man seine Statements immer nur in sehr begrenzter Zeit vortragen durfte. Oft hatte man nur 90 Sekunden, um sein Argument vorzubringen, und dann ist die Gegenseite wieder dran. Hört sich erstmal wahnsinnig stressig an, aber zwingt einen nun mal auch, sich auf das Wesentliche zu konzentrieren. Dabei haben wir alle gelernt, auch komplizierte Sachen sehr kurz zu fassen. Das hat richtig Spaß gemacht, weil man dann sehr weit gekommen ist in der Diskussion …
Daran musste ich heute irgendwie denken. Vielleicht macht es ja auch Sinn, dass wir einzelne Abschnitte oder sogar die einzelnen Agendapunkte an sich timeboxen? Habt ihr darüber schon mal nachgedacht? Könnte mir vorstellen, dass das für noch mehr Fokus sorgt.
LG
Fabian

Das tat gut. Ihre Idee kam tatsächlich an. »Timeboxing«, so nannte man das also? Ihr gefiel Fabians Idee. Wenn man nicht nur das Meeting, sondern jeden einzelnen Agendapunkt und jeden Redebeitrag zeitlich festlegte, könnte dies noch mehr dafür sorgen, dass man konzentriert arbeitete und die Zeit im Blick behielt. Letztes Mal hatte es bereits Leute wie Anke gegeben, die selbst darauf geachtet hatten, dass ihr Thema fokussiert besprochen wurde. Andere, wie Ingo und Merzinger, hatten diese Verantwortung noch nicht übernommen. Möglicherweise würde das von Fabian vorgeschlagene kleinteiligere Vorgehen mehr Struktur geben und ihnen helfen, den Fokus zu bewahren. Und man würde früh bemerken, wenn das Meeting Gefahr läuft, in die Verlängerung zu gehen. Fabians E-Mail gab ihr neuen Wind in den Segeln. Timeboxing. Das Wort gefiel ihr.

Dienstag, 16.05., 11:21 Uhr

Beate hatte Fabian mit ins Boot geholt. Bei einem Kaffee in der Küche hatte er mit seinem Vorschlag auch Holger überzeugt. Und den von Fabian eingebrachten Anglizismus hatte er auch schmunzelnd akzeptiert. Um für das nächste Meeting zu wissen, wie lange die einzelnen Agendapunkte schätzungsweise brauchen würden, beschloss Beate, die jeweiligen Themenverantwortlichen danach zu fragen. Die Kollegen dazu zu bewegen, auch Zeiträume anzugeben, war allerdings gar nicht so leicht. »Keine Ahnung, ich kann doch nicht wissen, wie viel die anderen dazu sagen wollen. Wenn ich das wüsste, bräuchte ich kein Meeting«, schrieb Ingo etwas schnippisch auf Beates Anfrage zurück. Nach viel gutem Zureden (»Es muss nicht total genau sein, nur eine Schätzung.«, »Das soll uns helfen, die Besprechungen für uns alle produktiver und kürzer zu gestalten.«) hatte sie es aber geschafft, von allen eine ungefähre Schätzung des Zeitaufwandes ihrer Themen zu erhalten. Auffällig war, wie unterschiedlich die Schätzungen waren. Natürlich gab es Themen, die komplexer waren und mehr Zeit als andere brauchen würden. Dass aber Ingo für alle seine Punkte durchschnittlich doppelt so viel Zeit eingeplant hatte wie zum Beispiel der etwas schüchterne Kollege aus dem Qualitätsmanagement, hielt Beate für keinen Zufall. Sie nahm sich vor, im Meeting darauf zu achten, ob diese großen Zeitblöcke für Ingos Themen gerechtfertigt waren, und ihn gegebenenfalls nach dem Meeting vorsichtig darauf anzusprechen. Für die Standard-Agendapunkte, die sie jede Woche besprachen, fiel es Fabian, Holger und ihr wesentlich leichter, eine Zeit abzustecken. Zu Beginn des Meetings gab es für gewöhnlich ein Statusupdate aus jeder Abteilung. Dies war in der Vergangenheit oft ausgeufert, weil einige dann vom Thema abgewichen und in Detailschilderungen abgedriftet waren. Beate, Holger und Fabian einigten sich schnell, dass ein kurzes Statusupdate für alle beteiligten Abteilungen jeweils auch in drei Minuten machbar sein sollte. Ausgerüstet mit einer Agenda, die diese Zeitangaben für alle sichtbar enthielt, ging es in die nächste Runde der Jour Fixes.

Dienstag, 16.05., 15:42 Uhr

Plitsch. Beate beobachtete mal wieder, wie die Kaffeemaschine die letzten Tröpfchen in ihre Tasse verabschiedete.

»Es war halt nicht so leicht, weil Ingo seinen Agendapunkt so weit ausgedehnt hat. Wie sollen wir damit umgehen, wenn jemand seine Zeit überzieht?«, warf Fabian nachdenklich in den Raum. Holger, der an den Kühlschrank lehnte, nickte: »Ja, ich finde es auch etwas unangenehm und ablenkend, wenn wir die ganze Zeit auf die Uhr gucken müssen und nur damit beschäftigt sind, dass jeder seine Zeit einhält.«

Beate nickte. Ja, das war die Herausforderung. Ihre Sorge, dass Ingo sich zu große Zeitblöcke gesichert hatte, war berechtigt gewesen. Und teilweise hatte er seine Zeit dann sogar noch überzogen. Beate wusste, dass dies keine böse Absicht war. Sie würde ihn trotzdem darauf ansprechen müssen. Ansonsten hatte sich das Timeboxing der Agendapunkte wirklich positiv bemerkbar gemacht. Das erste Mal hatten alle genau Bescheid gewusst, worüber gesprochen werden sollte, und viele Beiträge hatten wesentlich besser vorbereitet gewirkt als sonst. Dadurch wurden von den Themen-Zuständigen die richtigen Fragen gestellt und aktiv Informationen erfragt. Diese konkreten Fragen sorgten für fokussierte Antworten und Beiträge der anderen und auf diese Weise schienen dieses Mal viel häufiger entscheidende Lösungen oder nächste Schritte vereinbart worden zu sein als in ihren früheren Meetings. Nicht nur, dass die Meetings sich nicht mehr so in die Länge zogen. Es schien auch die Qualität der Beiträge und der daraus resultierenden Ergebnisse durch das Timeboxing zu steigen. Wie konnten sie das nutzen, ohne die anstrengende Rolle des unsympathischen Zeitaufpassers spielen zu müssen, wenn doch einmal jemand, wie Ingo heute, zeitlich überzog?

Pling. Die Kaffeemaschine war fertig. Zurück an die Arbeit.

Abends auf dem Heimweg erledigte Beate mal wieder einige Einkäufe. Gerade an der Kasse angestellt, piepste ihr Handy. »Ladies, ich freu' mich auf euch! Vino ist schon kaltgestellt! Bis nachher!«, schrieb Annette. Fast hätte

Beate den Spieleabend vergessen, der heute mit ihren langjährigen Freundinnen Annette, Susanne und Eva anstand. Sie versuchten, sich halbwegs regelmäßig zu sehen, zum Quatschen, Karten spielen und Wein trinken. Heute Abend also bei Annette. Eine wunderbar patente Frau. Sie arbeitete als selbstständige Eventplanerin in der Region und war Beates älteste Freundin. Susanne arbeitete momentan in Teilzeit als Buchhalterin, weil sie nachmittags ihre Kleinen vom Kindergarten abholte. Eva war Augenärztin und die gute Seele in der Gruppe.

Der Gedanke an den bevorstehenden Abend ließ Beate lächeln. Gleichzeitig musste sie sich nun aber beeilen, um noch schnell nach Hause zu kommen und zu kochen, bevor es losging.

Mit vier Minuten Verspätung stand Beate am Abend vor Annettes Tür. »Hallöchen meine Liebe!«, trällerte Annette und umarmte sie herzlich, »Susi ist auch schon da.« »Beatiii«, rief Susanne vom Tresen an der Kücheninsel und prostete Beate mit ihrem Weinglas zu. »Eva müsste auch gleich da sein. Ich mach dir schon mal ein Gläschen fertig!«, sagte Annette und griff nach einem Weinglas aus dem Küchenschrank. Beate gesellte sich zu Susanne. »Na, wie geht's dir? Alles gut mit Paulchen und Marie?«

»Mehr oder weniger. Paul kriegt gerade seine Backenzähne und ist deshalb ziemlich quengelig. Marie hat heute verkündet, dass sie sich jetzt immer selbst ihre Kleidung raussuchen will. Für heute bedeutete das eine schöne Kombination aus gestreifter Strumpfhose mit gepunktetem Kleid!« Die Frauen lachten. Dingdong. »Da ist sie, unsere Eva!«, rief Annette, stellte Beate noch das gefüllte Weinglas hin und lief weiter zur Tür. Eva kam mit einer Tüte und einem schelmischen Grinsen herein. »Hallihallo! Hab' uns was mitgebracht!«, sagte sie, während sie ihren Mantel an der Garderobe aufhing.

»Na, da sind wir aber gespannt! Erzähl!«, forderte Annette. Susanne legte gespannt die Hände vor sich zusammen, Beate drehte sich mit dem Barhocker weiter Richtung Eva.

Die verkündete: »Ich hab beschlossen, dass wir heute mal das Kartenspiel ruhen lassen.«

»Nur, weil du die letzten Male verloren hast, was?«, warf Beate ein.

Eva hielt die Hand beschwichtigend hoch: »Eventuell war dies eine zusätzliche Motivation, heute ein anderes Spiel mitzubringen. Aber ich dachte auch einfach, dass es uns viel Spaß bereiten würde!« Und damit griff sie in die Tüte und zog eine bunte viereckige Schachtel heraus.

»Ah, Tabu! Geniale Idee, Eva!«, rief Susi lachend. Eva strahlte triumphierend.

»Moment, Moment, was ist das noch?«, fragte Annette.

Eva kam mit dem Spiel in der Hand zu den anderen an den Küchentresen. »Das ist herrlich, wir teilen uns in Zweierteams und abwechselnd muss eine von uns Begriffe beschreiben und ihre Teamkollegin muss erraten, welcher Begriff gemeint ist«, erklärte Eva. »Ja, und das Witzige ist, dass du die naheliegendsten Worte nicht nennen darfst, um den Begriff zu beschreiben. Die sind als Tabuwörter auf der Karte notiert«, fügte Susanne hinzu. »Das andere Team kontrolliert, dass du diese Tabuwörter nicht benutzt. Wenn doch, wird gequietscht, mit diesem Plastikquietschteil, und du musst sofort mit einem anderen Begriff weitermachen.«

Beate kannte das Spiel, aber hatte es ewig nicht mehr gespielt. Ein wenig Abwechslung zur üblichen Skatrunde war ihr ganz recht.

»Ok, das klingt gut«, fand auch Annette. »Spielt man immer eine bestimmte Anzahl von Begriffen?«

»Nein, du hast einfach eine Minute Zeit, dafür gibt's eine Sanduhr, und in dieser Zeit musst du versuchen, so viele Begriffe zu beschreiben und von deiner Partnerin erraten zu lassen wie möglich«, erklärte Eva.

Annette klatschte in die Hände. »Alles klar, na dann, wer spielt mit wem?«

Viele Runden Tabu, drei weitere Gläser Wein und einige Lachanfälle später saß Beate auf dem Rad nach Hause. War das ein schöner Abend gewesen. Eine lustige Idee von Eva, dieses Spiel mitzubringen. Sie hatte im Team mit Susanne knapp verloren, aber das war egal. Sie hatten viel Spaß gehabt. Wie schnell diese Minute auch immer herumgegangen war. Aber trotzdem hatte es in ihrer besten Runde für acht Begriffe gereicht! Am Anfang hatte sie oft noch viel zu lange gebraucht, um den Begriff gut auf den Punkt zu bringen. Am Ende hatten dann schon wenige Worte gereicht und Susanne hatte gewusst, was Beate versuchte zu beschreiben. Irgendwie hatte der Zeitdruck sie dazu gebracht, sich auf das Wichtigste zu fokussieren – genau wie im Meeting. Diese Sanduhr war dabei ziemlich hilfreich gewesen. Sie war eine konstante Erinnerung gewesen, präzise zu bleiben, und Beate hatte ein immer besseres Gefühl für die Zeit bekommen. Wäre eigentlich auch praktisch im Jour Fixe. Dann würde sogar Merzinger mal sehen, wie die Zeit vergeht, wenn er abschweift. Und gleichzeitig müssten dann nicht sie oder Holger und Fabian die Zeit so streng im Blick haben und dazwischenfunken, wenn jemand seine Zeit aufgebraucht hatte. Die Idee war vielleicht etwas außergewöhnlich, aber sie gefiel ihr immer besser. Beschwingt fuhr sie heim.

»Also, was meint ihr. Ist es zu … ich weiß nicht. Komisch?«

Holger blickte sie stirnrunzelnd an. Fabi guckte in die Ferne und wog den Kopf hin und her. Gleich nachdem sie aus der Mittagspause zurückgekehrt war, hatte sie ihre beiden Mitstreiter zusammengetrommelt und sie hatten sich wieder in ihr Hauptquartier, die Küche, zurückgezogen.

»Ich finde es eine gute Idee! Lasst es uns probieren!«, meinte Holger dann, und das Stirnrunzeln wich einem Lächeln.

Fabian stimmte ihm zu: »Ja, Beate, wir sind doch hier das ›Meeting-Verbesserungs-Team‹. Und wenn dazu nun Sanduhren gehören, dann machen wir das einfach! Finde es gar nicht so abwegig. Die anderen freuen sich vielleicht ja auch, wenn man das einfach sehen kann und nicht extra gesagt werden muss ›Achtung, die Zeit!‹. Wenn man so eine Uhr vor sich hat, kann man ja viel besser auch selbst daran mitarbeiten, dass wir gut durchkommen.«

»Ja, wenn du das so sagst, hört es sich schon richtig gut an!«, freute sich Beate.

»Wir machen das! Ich hab noch so 'ne Sanduhr zu Hause, die bringe ich nächsten Dienstag mit«, kündigte Holger an.

Dienstag, 23.05., 15:34 Uhr

»Meine Güte, ein bisschen unter Druck gesetzt hab' ich mich ja heute schon gefühlt mit euren Sanduhren da. Aber ich muss sagen: Chapeau, Leute! Das Meeting war richtig schön knackig!« Anke strahlte das inoffizielle Time-boxing-Team an. »Ja, oder? Ich fand's auch echt super«, bestätigte Fabian und blickte in die Küchenrunde. »Klar, am Anfang ist es komisch, so eine Uhr vor sich zu haben. Aber ich finde, da haben doch alle ganz gut reingefunden. Und vor allem haben wir doppelt so viele wichtige Inhalte besprochen wie sonst!« Während Anke schon wieder – immer noch mit einem Lächeln auf dem Gesicht – aus der Küche rauschte, kam Werner rein. »Na, ihr drei Gauner, was habt ihr wieder ausgeheckt, so wie ihr grinst!« Die drei lachten auf. Beate zog vielsagend die Augenbrauen hoch. »Tja, Werner, ob Sie es glauben oder nicht. Wir kommen gerade aus unserer Dienstagsbesprechung.«

»Ach was. Jetzt bin ich aber gespannt. Hat der Merzinger darin gerade verkündet, dass die Konkurrenz pleitegegangen ist, oder was?« Werner Hagenhoff blickte fragend in die Runde.

»Wir timeboxen jetzt!«, erklärte Holger, ein wenig belustigt, aber auch ein wenig stolz.

Werner zog die Augenbrauen hoch und guckte schelmisch: »Auweia. Klingt gefährlich.«

Lachend erklärte Beate: »So gefährlich ist es nicht. Weißt du noch, wie du letztens meintest, man bräuchte am besten immer einen Anschlusstermin, damit die Meetings nicht so ausufern? So etwas in der Art machen wir jetzt: Unser Meeting ist nun immer zeitlich nach hinten begrenzt, sogar die einzelnen Agendapunkte und Redeanteile. Dadurch können wir Themen gewichten, indem wir ihnen unterschiedlich viel Zeit geben. Dafür haben wir jetzt immer ein paar hübsche Sanduhren auf dem Tisch stehen, mit denen man sieht, wie viel Zeit man noch hat! Das haben wir heute das erste Mal getestet und gemerkt, dass wir damit wirklich viel weniger von den einzelnen Agendapunkten abweichen.«

»Na, das sind doch mal Nachrichten! Und ich dachte immer, produktive Besprechungen wären ein Märchen. Nun ja, man lernt nie aus!«, verkündete

Werner. Und wie immer zog es ihn schon wieder weiter. »Ich muss dann mal weiter. Sonst boxt mich meine Sanduhr. Oder so.«

Beate lächelte zufrieden. Es hatte wirklich gut funktioniert. Sie war froh, dass Holger und Fabian sie unterstützt hatten und darauf gepocht hatten, das mit den Sanduhren einfach mal zu versuchen. Selbst als Merzinger zu Beginn noch einmal dazwischen geschossen hatte. Als er in den Besprechungsraum gekommen war und die Uhren gesehen hatte, hatte er sie beiseite genommen und gemeint: »Also, ich finde das ja nett, dass Sie hier so engagiert überlegen, wie man die Meetings strukturieren könnte. Aber meinen Sie nicht, mit den Uhren übertreiben wir es ein bisschen?« Doch Holger hatte ihre Idee verteidigt: »Lassen Sie es uns einmal ausprobieren und danach entscheiden wir, ob wir es weiterverfolgen.« Merzinger hatte etwas irritiert in die drei hoffnungsvollen Gesichter vor sich geguckt und plötzlich nachgegeben: »Na gut, machen Sie mal.«

Das hatten sie sich nicht zweimal sagen lassen. Beate, Fabian und Holger hatten im Voraus den Gedanken einer sichtbaren Uhr weiter durchdacht und waren darauf gekommen, dass sie mehr als nur eine Sanduhr brauchten. Sie nahmen eine für die Anzeige der gesamten Zeit des Agendapunktes und eine für die Zeit eines einzelnen Sprechers.

Holger hatte die Sanduhren im Meeting dann für alle sichtbar vor sich auf den Tisch gestellt und die Redebeitrags-Sanduhr umgedreht, wenn ein Sprecher fertig war. Das hatte gut geklappt, bis auf die seltenen Momente, in denen Sprecher vor der abgelaufenen Zeit fertig geworden waren und der Sand noch nicht durchgelaufen war, als sie die Uhr aber für den nächsten Sprecher umdrehen wollten.

»Ich geb' dann wohl gleich nochmal 'ne kleine Sanduhren-Bestellung auf, was?«, hatte Holger nach dem Meeting lachend festgestellt. Ja, das würde die Sache wohl noch verbessern, dachte Beate. Dass jemand einmal etwas kürzer sprach als geschätzt, würde es wohl immer mal geben. Doch wesentlich häufiger hatten in diesem Meeting Kollegen noch länger sprechen wollen als geplant. Auch Beate hatte gegen Ende des Meetings so einen Moment gehabt. Kaum hatte sie mal kurz nicht auf die Sanduhr geschaut, war der Sand schon fast durchgelaufen. Puh, da hatte sie kurz Panik gespürt

– was wiederum zu Ankes Aussage passte, sie habe sich unter Druck gesetzt gefühlt. Anke war auch einige Male nicht ganz rechtzeitig zum Punkt gekommen. Mit ein paar Sekunden über der Zeit konnten sie beide ihre Aussagen aber noch abschließen. In manchen Fällen war die Zeit wohl zu kurz geschätzt gewesen, in anderen hatte die Person mehr erzählt als nötig. Aber es war in Ordnung, dass im ersten Durchgang noch nicht alles glatt lief. Es würde einfach ein wenig dauern. Das merkte sie schon daran, dass ihre Kollegen sich insgesamt nun schon wesentlich leichter damit getan hatten, realistischere Zeiteinschätzungen für die einzelnen Agendapunkte abzugeben. Sogar Ingo. Er hatte sich immer noch die längsten Zeiträume reserviert, sie waren aber nicht mehr ganz so lang wie letztes Mal. Herr Merzinger überzog natürlich nach wie vor und ließ sich dabei äußerst ungerne unterbrechen. Und noch schwieriger: Er hatte dieses Mal eigene Agendapunkte gehabt, dafür aber im Voraus keine Zeitschätzung abgegeben. So war Beate am Ende gezwungen gewesen, einfach selbst eine Schätzung für die beiden Themen zu wählen. Gefallen hatte es Merzinger nicht, aber Beate hoffte, dadurch nun umso überzeugender dafür argumentieren zu können, dass er seine Agendapunkte selbst mit Schätzungen versehen müsse.

Es gab also noch einiges zu verbessern, dennoch beflügelte es sie zu sehen, wie die Dinge immer besser griffen.

In den Tagen nach ihrem gemeinsamen Erfolg kam Fabian zu Beates Platz, nachdem sie ihm eine Rechercheaufgabe zu einer neuen Stanzmaschine gegeben hatte. »Beate, ich hab da noch eine Frage. Wie umfangreich soll das denn sein?«

Beate runzelte die Stirn. »Naja, also, schon so, dass ich gut Bescheid weiß.«

Fabian nickte, schien aber nicht zufrieden mit ihrer Antwort: »Ok, also, ich könnte jetzt Bewertungen und Tests aus Fachmedien heraussuchen und darstellen. Dazu noch die Fakten von der Website des Herstellers. Es gibt auch noch Studien dazu, welche Maschinen in welcher Hinsicht die besten sind … Also, wenn ich es perfekt machen will, dann dauert das bestimmt zwei Tage und ich muss ja heute auch noch die Berechnung für Ingo fertig machen …«

Beate verstand nun das Problem und schüttelte schnell den Kopf: »Ach so, nein, so detailliert muss es gar nicht sein. Also, mehr als zwei Stunden solltest du darauf nicht verwenden.«

»Alles klar, danke. Ich dachte, ich frage lieber noch mal, denn ich habe jetzt schon öfter etwas sehr ausführlich nachgeschaut und am Ende waren nur die groben Fakten relevant. Habe mich da so in den Themen verloren. Aber wenn du sagst, ein, zwei Stunden reichen, dann kann ich das jetzt besser einschätzen. Danke!«, sagte Fabi, lächelte und ging zu seinem Platz. Nach zwei Schritten drehte er sich noch einmal kurz um: »Ist ja eigentlich jetzt auch eine Form von Timeboxing!«

Das stimmte. Zwei Tage! Das wäre viel zu lange gewesen. Und Fabian hier eine Zeitangabe zu geben, schien ihm viel hilfreicher zu sein, als zu sagen: Finde mal alles Wichtige zu diesem Thema heraus. Klar, wenn man das perfekt machen wollte, könnte man dafür Stunden verwenden. Aber das brauchte Beate in diesem Fall gar nicht. Spannend, wie ihre Timeboxing-Idee auch hier zu greifen schien.

Dienstag, 13.06., 15:28 Uhr

»Frau Schlier, ich war ja skeptisch. Aber das, was Sie sich da mit den beiden Kollegen überlegt haben, scheint ja irgendwie zu funktionieren. Freut mich!«

Das waren Merzingers Worte gewesen, als sie den Jour Fixe heute vier Minuten vor dem offiziellen Schluss beendet hatten. Es hatte dazu anerkennende Blicke der anderen Kollegen gegeben. Noch mehr hatte Beate aber gefreut zu sehen, dass die Kollegen dieses Mal noch besser vorbereitet waren und mit mehr Energie ins Meeting gestartet waren als bisher. Außerdem waren die Redeanteile noch gleichmäßiger verteilt. In den Wochen davor hatte sich dies bereits angedeutet und war von Mal zu Mal besser geworden, doch heute war es ihr wirklich aufgefallen. Es redete nicht mehr die lauteste Person, sondern die mit der relevanten Information. Anders war es gar nicht möglich, die Zeitblöcke gut einhalten zu können. Das hatten nach und nach sogar Ingo und Merzinger akzeptiert. Sie gaben nun nicht nur beide Zeitschätzungen ab, sondern hielten diese auch beide ein – nun gut, Ingo ein wenig mehr als Merzinger, aber Beate war zuversichtlich, dass er das auch noch lernen würde. Sie waren nun schon das vierte Mal zufriedenstellend durch alle Agendapunkte gekommen, ohne sich am Ende hetzen zu müssen. Beim Herausgehen klopfte Holger Beate auf die Schulter: »Danke, dass du das mit dem Timeboxing gestartet hast, Beate!« Über seine Schulter hinweg sah Beate gerade noch Werner an ihnen vorbeilaufen und erntete ein anerkennendes Zwinkern von ihm.

Am Abend darauf trafen Annette, Susanne, Eva und Beate sich wieder für eine Runde Skat.

»Und das Schöne ist: Nicht nur das Dienstagsmeeting wird jetzt immer getimeboxed. Wir haben schon angefangen, auch andere Aufgaben so zu strukturieren. Es kommt gerade viel mehr Fokus in unsere Arbeit. Wir fragen uns öfter: Was ist jetzt gerade wirklich wichtig? Und das tut der Abteilung total gut?«, schwärmte Beate.

»Das hört sich richtig gut an, Beate! Und weißt du, was jetzt wichtig ist: Anstoßen! Auf unsere wundervolle Timeboxerin und Tabu-Meisterin Beate!« verkündete Annette. »Prost!«

3.2 Reflexion: Unsere Erfahrungen mit dem Timeboxing

Die Timeboxing-Methode kommt mir bekannt vor. Sie wird beim Design Thinking häufig angewendet, nicht wahr?

Ja, das ist richtig. Da ist sie uns auch verstärkt begegnet. Wir haben mit Teams gearbeitet, die sehr regelmäßig mit diesem Instrument arbeiten, und wenden diese Methode auch selbst an. Es zeigt sich, dass kurze Iterationen und eine zeitliche Einschränkung häufig zu schnellen, kreativen und guten Ergebnissen führen.

Die Kurzgeschichte zeigt aber auch, dass es nicht immer um Kreativität gehen muss, um Timeboxing erfolgreich einzusetzen. In der beschriebenen Geschichte geht es ja vornehmlich darum, ein Meeting effektiver zu gestalten und dabei aber jeden zu Wort kommen zu lassen.

Genau, das Thema Meeting ist ein Dauerbrenner. Meetings sind echte Zeit-killer in Unternehmen. Wir sind immer wieder fasziniert von stundenlangen Diskussionen ohne Ergebnis. Dabei kennt vermutlich wirklich jeder Mensch in Unternehmen die Regeln für eine gute Besprechung. Aber sie werden sel-ten eingehalten. Nun helfen da auch keine Appelle im Sinne von »Jetzt denkt doch mal an die Meetingregeln.« Wenn ein Meeting nicht funktioniert, wird es durch die Wiederholung eines solchen Appells auch nicht besser.

Daher haben wir in der Praxis Ausschau gehalten und sind eben auf das Timeboxing gestoßen. Im Design Thinking ist es gängige Praxis, möglichst kleine Arbeitsschritte zu formulieren und sie dann in vorgegebenen kurzen Zeiträumen zu bearbeiten. Das Einhalten der Zeiträume ist dabei sehr wichtig und eine klare Regel, die nach kurzer Zeit völlig akzeptiert und nicht außer Kraft gesetzt wird.

Neben der Zeiteinhaltung adressiert man mit dem Timeboxing ein weiteres Problem: In der Regel reden in einer Besprechung die extrovertierten Men-schen mehr und länger als die introvertierten. Dabei haben introvertierte Menschen häufig mindestens ebenso wichtige Wortbeiträge – laut Studien haben sie häufig sogar die besseren Ideen. Aber sie kommen eben in vielen

Besprechungen gar nicht zu Wort. Das ist nicht nur verschenktes Potenzial, sondern führt am Ende auch häufig zu Frust bei den Introvertierten.

Kann man das Timeboxing pauschal in jeder Besprechung einsetzen?

Im Prinzip schon. Sehr einfach anzuwenden ist dieser *workhack* beim Austausch von Informationen. Aber selbst bei Diskussionen und Brainstormings ist Timeboxing klasse. Jeder im Raum kann fragen: Wie viel Zeit wollen wir uns für diese Diskussion nehmen?« und zack – läuft die Uhr. Es ist dann noch ein bisschen Übungssache, aber wenn man das ein paar Mal gemacht hat, möchte man die Uhr nicht mehr missen.

Gibt es noch Hinweise für den Einsatz von Timeboxing in der Praxis?

Ja, die gibt es tatsächlich. Der Erfolg von diesem *workhack* hängt davon ab, ob alle die vorgegebene Zeit respektieren. Daher ist es sinnvoll, dass alle Beteiligten der Besprechung ganz offiziell bei der Einführung gefragt werden, ob sie damit einverstanden sind. Erst wenn alle Teilnehmer dafür sind, kann es funktionieren. Sonst halten sich manche dran und manche nicht, und das führt bei den Anhängern des Timeboxings zu Frust.

Das Einverständnis sollte man sich insbesondere von anwesenden Führungskräften einholen. Denn die sind häufig eher extrovertiert und reden gern. Auch sind sie es nicht gewohnt, dass sie sich kurz fassen müssen oder gar, dass ihnen jemand den Zeithahn beim Reden abdreht. Führungskräfte müssen besonders deutlich Ja zu dem *workhack* sagen, damit sie später freundlich, aber bestimmt an die Redezeit erinnert werden können.

Ein weiterer Hinweis ist, die Zeit für alle sichtbar verstreichen zu lassen. Es ist nicht so günstig, wenn nur einer eine Stoppuhr in der Hand hat. Dann hat der Redende keine Vorstellung von der Zeit, die ihm noch bleibt. Außerdem ist es für den Träger der Stoppuhr wirklich lästig, immer die Rolle des strengen Zeitwächters zu spielen. Das geht besser mit digitalen oder analogen Uhren, die für jeden gut sichtbar sind.

Die ersten Male ist es ungewohnt, mit einer solchen Einschränkung zu sprechen, aber nach und nach verbessert sich die Vorbereitung auf die Meetings, und es ist für alle wohltuend, kurz, prägnant und auf den Punkt informiert zu werden.

Timeboxing

Kurzbeschreibung

Das Timeboxing sieht vor, dass für jeden Agendapunkt in einer Besprechung eine genaue Redezeit pro Person festgelegt wird. Insbesondere für wiederkehrende Besprechungen ist dieses Vorgehen hilfreich, weil die Teilnehmer lernen, ihre Beiträge genau vorzubereiten. Knappe Zeitvorgaben von ein oder zwei Minuten lassen es nicht zu, dass man erst beim Reden anfängt zu denken. Zudem führt das Timeboxing zu mehr Gleichberechtigung. Denn jeder erhält die gleiche Redezeit. Timeboxing führt nach und nach zu effizienten, pünktlichen Besprechungen mit klaren Ergebnissen. Der Alleskönner Timeboxing kann auch außerhalb von Meetings angewendet werden: Beispielsweise können Einzel- oder Gruppenaufgaben mit zuvor festgelegten Zeitlimits versehen werden. Das führt zu mehr Fokus und somit zu schnelleren Ergebnissen.

Der *workhack* ist hilfreich bei ...

- endlosen Diskussionen,
- Besprechungen, in denen häufig vom Thema abgeschweift wird,
- Vielrednern in Meetings,
- zur Aktivierung von Meinungen und Ideen von introvertierten Mitarbeitern, die dadurch auch zu Wort kommen,
- zu schwach ausgeprägtem Fokus z. B. in Besprechungen und Meetings.

Was Sie beachten sollten

- Teilnehmer, insbesondere Führungskräfte, sollten vorab befragt werden, ob sie mit der Einführung von Redezeiten einverstanden sind, sonst lässt sich das Timeboxing nicht durchsetzen.
- Die ablaufende Zeit sollte für alle sichtbar gemacht werden.
- Planen Sie kurze Zeiteinheiten. Das bringt mehr Fokus in die Runde.

Hilfsmittel

- Sanduhren mit unterschiedlichen Zeitlängen. Wir empfehlen Sanduhren für 1, 2, 3, 5 und 10 Minuten.
- Alternativ gibt es sogenannte »Time Timer«, die groß genug sind, um von allen gesehen zu werden. Es handelt sich hierbei um eine Uhr, die durch eine verschiebbare Scheibe anzeigt, wieviel Zeit noch für eine Aktivität – also zum Beispiel einen Agendapunkt – übrig ist.
- Auch einige Apps eignen sich für die Zeitmessung. Dann muss aber sichergestellt sein, dass alle Anwesenden eine gute Sicht auf die App haben.

4   Workhack Stärkenfokus

von Michael Tomoff

4.1   Kurzgeschichte: Die Gorilla-Taktik – Stärken gezielt nutzen

Ein Teilnehmer packt aus

»Hallo Herr Blank, wie war der Nachmittag?«

Vor Christian saß Herr Blank, ein Führungskräfte-Anwärter für den Innovationsbereich der Krageltec GmbH, der heute ein Assessment Center hinter sich gebracht hatte.

»Konnten Sie sich die Stadt ein wenig anschauen?«, fragte Christian.

»Ja danke. War ja hervorragendes Wetter. Wir sind allerdings gar nicht weit weg gegangen, sondern haben uns auf die große Wiese hinter dem Gebäude gesetzt und die letzte Sonne genossen. So ein Tag schlaucht ja ganz schön.«

»Das stimmt allerdings, Herr Blank. Na, dann sind Sie ja jetzt etwas erholt und bereit für mein Feedback, oder?«, fragte Christian weiter und grinste dabei.

»Ja. Bringen wir es hinter uns! Diese Warterei und Ungewissheit ist fast das Schlimmste heute gewesen«, erwiderte Herr Blank, zog seinen Block hervor und klickte seinen Kugelschreiber dreimal, bevor er ihn auf das Papier legte und Christian erwartungsvoll ansah.

Christian nickte ihm zu und begann, die einzelnen Übungen mit Herrn Blank durchzugehen. Zuerst die Stärken, danach die Schwächen, zum Schluss Verbesserungsvorschläge und die Wünsche, wie die Aufgabe hätte besser gelöst werden können. Herr Blank bekam viel zu hören. Von …

- mehr auf alle Teilnehmer des Teammeetings eingehen und sie dort abholen, wo sie waren, über …
- strukturierterer Aufbau des Mitarbeitergesprächs bis hin zu …
- souveräneres Auftreten und überzeugendere Argumente in der Präsentation.

Herr Blank konnte die Übungen vor dem Feedback seines Gesprächspartners aus der Personalabteilung einschätzen und seine Meinung zu seiner Leistung kundtun, bevor er von Christian Beispiele hörte, Zitate vorgelesen und Verbesserungsvorschläge angeboten bekam.

Trotz der Deutlichkeit von Herrn Blanks Schwächen im Führungsbereich tat sich Christian schwer, das finale Urteil zu verkünden. Auch Herr Blank hatte aufgehört, voller Erwartung mit dem Stift zu klicken.

»Puh … das klingt ja nicht so gut, wie ich es erlebt habe«, sagte dieser leise und mit dem Blick auf seine Notizen gerichtet.

»Verstehen Sie mich nicht falsch, Herr Blank«, versuchte Christian ihn aus seiner Nachdenklichkeit herauszuholen, »uns haben viele Dinge gefallen: Sie sprühen vor Energie, Sie haben eine ehrliche und direkte Art der Kommunikation und reden nicht um den heißen Brei herum. Sie sind ein echter Problemlöser und haben analytische Qualitäten in der Postkorbübung gezeigt, die sogar ich beneide.«

»Und was fehlt dann für eine Führungsrolle bei Ihnen im Unternehmen?«, fragte Christians Gegenüber.

Christian räusperte sich. Er schaute auf das Diagramm, das Herrn Blanks Leistungen auf eine Seite komprimierte.

»Sie haben Defizite auf Gebieten, die für Führungspositionen in unserem Unternehmen besonders wichtig sind. Positiv ausgedrückt: Sie haben Ihre Stärken an den falschen Stellen …«

Herr Blank zog die Stirn kraus. Christian hatte plötzlich das Gefühl, sich einen Deut zu weit aus dem Fenster gelehnt zu haben. »Missverstehen Sie mich bitte nicht, Herr ...«

»Nein, alles gut Herr Tus, alles gut.«

Er sah Christian geradeaus in die Augen.

»Ich merke Ihnen an, dass Sie selbst nicht 100 % hinter der Entscheidung stehen. Wahrscheinlich gab es eine Ansage von oben. Oder Sie sind überstimmt worden. Oder ich liege völlig falsch und bin *so schlecht* gewesen, dass meine Interpretation dieses Gespräches noch einmal ein Beweis für meine fehlende emotionale Intelligenz ist ...«

Er lachte, wirkte zu Christians Überraschung befreit. »Ich weiß es aber zu schätzen, dass Sie mir gegenüber aufrichtig zu sein versuchen und mich nicht mit Beratergeschwätz abspeisen.«

Da war sie wieder, Blanks direkte Ehrlichkeit.

Christian schluckte.

»Freut mich, dass ... also es tut mir leid, dass ... wir ... nicht zusammenkommen.«

Jetzt war es raus.

»Ich fand es sehr abwechslungsreich und faszinierend, was Sie über den Tag gezeigt haben. Auch, wenn es aus Perspektive unserer Führungsgrundsätze häufig neben dem Ziel war.«

Christian klappte seine Mappe zu.

»Ich würde mich freuen, wenn wir in Kontakt bleiben. Vielleicht über Xing oder so?«

»Und das ist kein Beratergeschwätz, um den Abschied leichter zu machen?«, fragte Herr Blank mit hochgezogener Augenbraue.

»Nein, ehrlich gemeint. Ich mag Ihre Art und Ihren kreativen Geist. Auch wenn ich mich immer noch darüber ärgere, dass Sie mich im Mitarbeitergespräch so hart untergebuttert haben und ich keinen Bonus kriege.« Christian grinste breit, stand von seinem Stuhl auf und hielt Herrn Blank die Hand entgegen.

»Kommen Sie gut nach Hause, Herr Blank. Und denken Sie immer an die grünen Balken ...«

»Das werde ich, Herr Tus, das werde ich. Danke für den Tag heute. Ich habe viel gelernt. Und beste Grüße an Ihren Chef. Gruseliger Typ ...!«

Als Herr Blank aus dem Raum heraus war, setzte sich Christian wieder an den Tisch und merkte plötzlich, wie verbraucht die Luft war.

Nicht nur hier. Im gesamten Unternehmen ...

Defizitorientierung – ein notwendiges Übel?

»Hallo Christian«, sagte Christians Chef, Bernd Nolte. Der Leiter der Personalabteilung schien von seinem Wochenende in Paris noch ganz beschwingt. »Was kann ich für dich tun? Dauert's länger?«

Christian blieb in der Tür stehen. Vielleicht war es doch nicht der richtige Zeitpunkt für seine ehrliche Meinung.

»Och du ...«, stammelte Christian und sagte dann halbherzig: »Ich habe nach unserem letzten Führungskräfte-AC noch ein paar Gedanken gehabt, die ich mit dir durchsprechen wollte. Mehr nicht.«

Nolte drehte die Rolex in sein Blickfeld. »Du hast fünf Minuten und 45 Sekunden. Go!«

»Nee, dann lieber ein anderes Mal. Dazu ist es mir zu wichtig.«

»Fünf Minuten und 35 Sekunden«, sagte Nolte in gespielter Boxkampf-moderatorenmanier.

Christian atmete tief durch.

»Ich finde unsere Art der Entscheidungsfindung nicht zufriedenstellend.«

»Geht's um Blank?«, fragte Nolte.

»Nicht nur«, sagte Christian. »Er war der Auslöser, denke ich. Unser Feed-backgespräch war echt aufschlussreich und ich bin dankbar für seine Of-fenheit, die mir vieles deutlicher gemacht hat. Der Typ hat mich mehrfach überrascht, hat ganz andere Qualitäten gezeigt. Und er hat mich irgendwie darin bestätigt, dass da mehr unter der Haube ist, als wir gesehen haben. Vielleicht sogar mit unseren standardisierten und nicht immer für alle Be-werber passgenauen Mitteln sehen *konnten*.«

»Du bist emotional involviert, ergo befangen. *Biased*, um mal einen eurer psychologischen Begriffe zu nutzen.«

Nolte holte ein schwarzes Jackett aus einem Schrank und legte es auf einen Kleidersack.

»Wenn der Tag gekommen ist, an dem ich nicht mehr emotional involviert bin, komme ich mit der unterschriebenen Kündigung bei dir vorbei«, sagte Christian missmutig.

»Na na na, mal nicht gleich so eingeschnappt, junger Mann«, sagte Nolte und blieb mitten in der Bewegung stehen. »Ich möchte nur, dass du profes-sionell objektiv an die Geschichte gehst und deine Urteile sauber und auf Faktenbasis fällst.«

»Aber das ist es ja«, sagte Christian, »es *gibt* ja gar keine Objektivität bei der Personalauswahl.«

»Fang bitte nicht *damit* an, Christian.«

»Ich *möchte* die Menschen nach dem beurteilen, was sie sind, wie sie auf mich wirken. Ich will nicht nur durch unser kleines, defizitorientiertes Loch in der Assessment-Center-Wand schauen und Bewerber wieder nach Hause schicken müssen, die vielleicht woanders bei uns im Unternehmen perfekt passen würden.«

Christian klatschte Blanks Ergebnis auf den Tisch und zeigte auf das Diagramm.

»Ich will mit den grünen Balken arbeiten und schauen, wie unwichtig wir die roten machen können. *Jeder* hat diese bekloppten roten Balken und wir stürzen uns drauf, als würden genau sie den Laden am Laufen halten!«

Christian zitterte. Sein Hals war auch zu einem roten Balken geworden.

Nolte lachte leise.

»Ich mag deine Leidenschaft, lieber Christian. Das ist auf jeden Fall einer *deiner* grünen Balken. Aber wir möchten inhouse gerne Defizite aufdecken und behandeln, im besten Fall sogar eliminieren. Es gibt einfach keine Anfragen für deine stärkenbasierten Assessment Center oder Fragebögen, in denen es um Leidenschaft, Ehrlichkeit und Kreativität geht. Zumindest nicht im Führungsbereich.«

Nolte war sehr ruhig. Er sah Christian jetzt in die Augen, ohne nebenher noch seine Sachen zu packen.

»Strategisch ist es clever, sich auf Defizite zu stürzen. Es wird immer Defizite geben, weil der Mensch nicht perfekt ist – also gibt es immer etwas zu reparieren.«

Christian schüttelte den Kopf und schaute nach unten, direkt auf den dicken, schwarzen, frisch gesaugten Teppich.

»Es wird auch immer Stärken geben, die wir *nicht* erst mit viel Energieaufwand bearbeiten müssen, sondern für den Alltag nutzen können. Stärken, deren Einsatz den Menschen Spaß macht! Stärken, die sie gerne einsetzen, auch für das Wohl des Unternehmens!«

Nolte schaute auf seine Uhr. »Zeit!«, sagte er. »Ich störe deinen Anfall von Romantik nur ungerne, aber ich muss los. War schön mit dir«. Und raus war er. Christian blieb zurück zwischen Mahagoniholz und Chrom.

Er ballte die Hände.

Von Pfannkuchen und Windmühlen

Zwei Tage später saßen Christian und zwei seiner Teamleiter-Kollegen zusammen im Pfannkuchenhaus und füllten sich die Mägen. Christian erzählte von seinem letzten Assessment Center, seinen Erkenntnissen und dem Bernd Nolte gegenüber geäußerten Missfallen. Er fühlte sich nicht gut dabei, hinter dem Rücken seines Chefs so abzuledern, aber es musste einfach mal raus.

Während Christian seinen Frust über vergeigte Projekte, unfair behandelte Kunden, sinnfreie und immer wiederkehrende Aufgaben und die »Unfehlbarkeit der Führungskräfte« freien Lauf ließ, stieß sein Kollege Stefan Zuckermann ins gleiche Horn. Mona Muhr, ebenfalls Teamleiterin, belächelte ihn währenddessen, neckte ihn als Schwächling und blickte lockerer in die Bürowelt. Auch sie konnte verstehen, warum Nolte und seine Kollegen auf rote Balken achteten und daraus weitere Beratungsaufträge, Trainings und sogar gut bezahlte Coachings machten. So war es eben und wenn es ihm nicht passte, könne er ja gehen und die Welt woanders retten.

»Darum geht es nicht«, sagte Christian und biss noch einmal zu, obwohl er schon längst satt war.

»Ich bin es einfach leid, gegen Windmühlen anzukämpfen. Ihr wisst doch auch, dass das auf lange Sicht nicht klappen wird. In vielen Unternehmen haben die Mitarbeiter mehr Verantwortung, können die Zukunft mitgestalten, auch mal ein Projekt machen, das nicht von der Wunschliste der Kunden abgearbeitet werden muss, aber bald darauf landen könnte. Das gefällt euch doch auch besser, oder etwa nicht?«

»Och, ich arbeite gerne ab und bin zufrieden, wenn ich nicht so viel überlegen muss, was ich als Nächstes tun muss«, sagte Mona.

»Ach komm, Mona!«, widersprach Christian. »Du beklagst dich doch selbst immer, dass alle zu konservativ denken und sich keiner durch die Kruste der letzten zehn Jahre schlägt.«

»Naja, konservativ ist relativ. Für mich sind wir ein fortschrittlicher Haufen, wenn ich das mit meinem alten Arbeitgeber vergleiche. Aber da geht noch was, denke ich. Da hast du recht.« Mona leerte ihr halbvolles Einbecker in einem Zug und wischte sich dann den Mund ab.

»Was willst du denn machen?«, fragte Stefan. »Viel bleibt dir ja wirklich nicht übrig. Love it, change it or leave it. Und schlecht geht's uns zumindest finanziell ja wirklich nicht.« Er prostete Christian mit seinem Weizen zu.

Plötzlich stand Christian auf. »Wer hat Bock auf eine Challenge?«

Die beiden anderen schauten ihn überrascht an.

»Du hast ja Recht, Stefan. Fragen bringt nichts, denn es wird eh nicht durchgewunken. Oder erst, wenn uns Google bald *richtig* Feuer unterm Hintern macht und unsere Technologien nicht mehr *state of the art* sind, sondern nur noch Schnee von gestern. Unser Laden ist zu träge, zu langsam, hat zu viel Angst vor Fehlern. Aber gegen eine ungefragte Aktion können sie nichts machen!«

»Und mit »sie« meinst du wen genau?«, fragte Mona.

»Guerilla-Taktik!«, ließ Christian nicht locker und ignorierte Monas Frage.

»Von hinten durch die Brust!« Christian brannte förmlich. Vielleicht lag ihm auch nur ein Pfannkuchen quer, so dass sein Kopf an Röte gewann.

»Was hast du vor?«, fragte Stefan erneut. »Denk dran, was nach *meiner* letzten Aktion passiert ist, die ich mit noch nicht mal vier Monaten im Unternehmen gerissen habe. Nolte hat mich schön auf den Pott gesetzt, als ich mit der Idee kam, mehr zu loben und das den Führungskräften als täglichen Reminder in den Kalender zu schreiben!«

»Ich möchte ein Experiment durchführen. Und zwar eines, das niemandem weh tut, sondern – wenn es so läuft wie ich hoffe – unserem Arbeitgeber keine andere Wahl lassen wird, als mitzumachen ...«

Christian setzte sein bereits geleertes Bier hoch über dem Mund an. Er streckte die Zunge raus und angelte nach dem letzten Tropfen, der sich vom Rande des Bierglases fallen ließ.

Er grinste.

Einführung des Stärkenfokus

Während die ersten Praktikanten und Mitarbeiter der Personalabteilung eintrudelten, war Christian schon aktiv und legte gerade ein voll bedrucktes Blatt auf einen der Steharbeitsplätze im Forum der Personalabteilung. Auch Mona und Stefan kamen gerade ins Büro und legten nach kurzer Begrüßung jeweils ein DIN-A4-Blatt neben Christians Exemplar. Auf diesen Ausdrucken waren – säuberlich in einer bestimmten, individuellen Reihenfolge – 24 Stärken aufgelistet. Begriffe wie Humor, Mut, Freundlichkeit, soziale Kompetenz, Fairness, Führungsvermögen oder auch Dankbarkeit waren da zu lesen, zusammen mit kurzen Beschreibungen für diese Begriffe. Es waren Charakterstärken aus einem Test, den Christian im Internet gefunden und dessen Ergebnisse die drei danach für sich ausgedruckt hatten.

Hatte Mona »Sinn für das Schöne« als Nr. 1 eingekreist, war bei Stefan »Kreativität« mit einem gelben Marker hervorgehoben. Christians Top-Stärke war die »Dankbarkeit«.

Die Aufgabe, auf die sie sich eingeschworen hatten, wirkte so einfach wie ungewöhnlich: Jeden Tag mindestens einmal bewusst *die eigene Top-Stärke* aus dem Test für die betrieblichen Belange zu nutzen.

Unerwartete Kritik

»Was macht ihr?« Jochen, vierter und bei weitem der älteste der fünf Teamleiter, kam gerade an einen der Stehtische und warf einen Blick auf die drei

Stärken-Blätter seiner Kollegen. »Kleines Ich-habe-nicht-genug-zu-tun-Nebenprojekt?«

»Gorilla-Taktik«, sagte Mona und lächelte verschmitzt. »Wir machen ein zweiwöchiges Experiment und wollen bei unserer Arbeit den Fokus auf das legen, was wir gut können. Machst du mit?«

Jochen schaute Mona fragend an. »Und was macht ihr mit den Dingen, die ihr *nicht* gut könnt und trotzdem machen müsst?« Sowohl Mona als auch Stefan schauten jetzt unisono zu Christian.

»Die machen wir natürlich trotzdem«, sagte dieser. »Aber möglicherweise auf eine andere Art und Weise als vorher.«

»Du meinst, ihr verlagert eure Trainingskonzeption, das Schreiben der Ergebnisberichte und die Auswahl von neuem Personal nach Indien, so dass sich das über Nacht erledigt?« Jochen lachte und schüttelte den Kopf.

»Nein, aber wir nutzen stärker die Fähigkeiten, die wir ganz oben auf unserer Liste stehen haben«, sagte Stefan und verschränkte die Arme vor der Brust.

»Warum? Habt ihr bei euren Schwächen schon das Ende der Fahnenstange erreicht? Nolte hat jedem von uns in den letzten Mitarbeitergesprächen doch mehr als genug Verbesserungspotenzial mit auf den Weg gegeben, oder irre ich mich?«

Jochen nahm Christians Stärken-Test in die Hand und lachte sichtlich erheitert auf.

»Vor allem bin ich gespannt wie ein Flitzebogen, wie ihr mit *Dankbarkeit* eure nächsten Rollenspiele konzeptionieren wollt, oder ...«, er nahm Stefans Blatt in die Hand, »wie ihr mit *Kreativität* euren internen Kunden begegnet, wenn sie euch mal wieder total bescheuerte Anfragen stellen, oder ...«, jetzt nahm er Monas Ergebnisblatt unter die Lupe und lachte erneut, »wie ihr mit dem *Sinn für das Schöne* eure nächste Excel-Matrix erstellt und die Quartalszahlen an Nolte und die Geschäftsführung kommuniziert.«

Er ließ die Blätter wieder auf den Tisch segeln und legte die Hände gegeneinander: »Bitte, bitte, lasst mich dabei sein, wenn ihr das Feedback für all das bekommt!« Er schüttelte den Kopf, während er noch immer lachte, und ging den Flur hinab in Richtung seines Büros.

Mona schaute Stefan still an. In ihrem Gesicht schien das gleiche Fragezeichen zu stehen, das auch Stefan auf der Stirn prangte: *Hätten wir die Aktion doch noch für uns behalten sollen?*

Obwohl Jochen ein paar wichtige und ernst zu nehmende Punkte angesprochen hatte und sein Gegenwind sie zumindest nicht kalt gelassen hatte, ließen sich Christian, Mona und Stefan nicht von ihrem Vorhaben abbringen. Sie schüttelten sich die Hände, nachdem sie ihre Challenge – hoch offiziell und immer noch mit viel Energie – unterschrieben hatten.

Fünf Minuten am Ende eines jeden Arbeitstages aufzuschreiben, wann sie wie ihre Top-Stärke eingebracht hatten, und für den nächsten Tag zu planen, wie dies geschehen sollte, schien eine messbare und vor allem machbare Sache zu sein. Vor allem die bewusste Wahrnehmung der Nutzung (oder eben der fehlenden Nutzung) ihrer Stärken sollte zu einer Art Routine in ihrem Arbeitsalltag werden.

Nur so ließen sich Gewohnheiten gut einbürgern.

Eine gute Fee oder: Unterstützung aus dem Hintergrund
Christian klappte den Laptop zu. »Fünfzehn Minuten Pause, wir treffen uns wieder hier um 14:45 Uhr.« Er schaute auf sein Smartphone und sah, dass er einen Anruf von seiner Kollegin Barbara verpasst hatte. Er wählte ihre Nummer.

»Hey Christian, schön, dass du zurückrufst. Hast du gerade etwas Zeit?«

»Hi Barbara. Jupp, ca. zehn Minuten. Sind gerade in der Teamleiterrunde und machen ne kurze Pause.«

»Ok, dann mach ich's kurz. Ich habe gerade in deinen Kalender geschaut und gesehen, dass die nächsten Wochen für dich ziemlich stressig werden, weil du ziemlich viel im Haus unterwegs bist.«

Christian atmete tief ein. »Da sagst du was ...«

»Bei mir sind nächste Woche zwei Termine ausgefallen und ich möchte dir anbieten, dein Inhouse-Training in der Produktion zu übernehmen. Das verschafft dir mal drei Tage Luft für den Bürokram oder andere, wichtigere Dinge.«

Christian wusste nicht, was er sagen sollte.

»Christian? Bist du noch da?«

»Ähm, ja. Wow, Barbara ...« Er kratzte sich verlegen am Kopf und grinste. »Das, das ist wirklich cool von dir. Also nicht nur, dass du dich für meinen Kalender interessierst, sondern insbesondere, dass du mir solch ein Angebot machst. Wow.«

»Und, soll ich den Termin mit der Produktion klarmachen?«

Christian schien mit neuer Energie erfüllt zu sein. »Sehr gerne! Wow, cool, danke!«

»Super«, antwortete Barbara aus dem Office und Christian merkte, dass auch sie sich freute. »Dann hopp hopp, ab in die Beo-Konferenz mit dir! Und gutes Gelingen. Bis morgen!«

»Bis morgen Barbara. Und ... vielen Dank dir ...«

»Sehr gerne.«

Authentische Führung für die Tonne
Stefan klopfte an der Glasscheibe des Raumes »Höxter 1« an, in dem gerade zwei seiner Kolleginnen ein neues Training zum Thema »authentische Füh-

rung« konzipierten. Anja nahm ihre Ohrstöpsel heraus und nickte Stefan herein.

»Na, wie schaut's?«, fragte Stefan, nachdem er die Tür wieder hinter sich geschlossen hatte.

Anja machte dicke Backen.

»So schlimm?«, fragte Stefan.

»Jupp«, antwortete Anja einsilbig. »Ich könnt' kotzen! Warum muss ich mich eigentlich mit diesem Mist auseinandersetzen?«

»Hast du gerade ein Motivationstief? So kenne ich dich gar nicht«, antwortete Stefan.

»Na, all diese Führungstrainings sind doch für die Tonne! Ich aste mir hier einen bei der Konzeption ab, wir gehen in die Trainings, erzählen unseren Führungskräften was vom Pferd und danach – business as usual. Hauptsache, der Haken ist dran am Seminar und die Personalabteilung gibt mal wieder für zwölf Monate Ruhe.«

»Das klingt allerdings nicht so begeistert. Aber danke für deine Ehrlichkeit.« Stefan zog sich einen Bürostuhl heran und setzte sich neben Anja.

»Diesbezüglich ...«, Stefan schaute kurz durch die Glastür ins Forum, »Ich möchte dir einen Vorschlag machen, der mit deiner Affinität zu Zahlen und dieser Konzeption zu tun hat. Aber du darfst Bernd nichts davon erzählen.« Er kniff verschwörerisch die Augen zusammen und lächelte.

»*Jetzt* hast du meine Aufmerksamkeit«, sagte Anja schnell und setzte sich gerade in ihren Stuhl.

Wenn Emotionen sprechen lernen
Bernd stand vor der Runde von Personalern. Es war kurz nach 10 Uhr und damit Zeit für den montäglichen Jour Fixe.

»Guten Morgen, liebe Leute. Diese Woche haben wir viel auf der Agenda. Von daher ... Welche Neuigkeiten gibt es zu Vertrieb, Organisatorischem und Interna?«

Angenommene, abgelehnte oder Angebote in der Schwebe wurden besprochen, Bewerbungen auf eine Magnetwand geschrieben oder aktualisiert und wichtige Termine für die große Runde kundgetan. Als die internen Punkte dem Ende entgegengingen, ergriff Christian das Wort.

»Ich möchte mich bei vier Leuten bedanken, die mir letzte Woche sehr gut getan haben.«

Bernd Nolte stand vorne und wusste nicht genau, ob er unterbrechen oder weiterhin mit einem leeren Blick dreinschauen sollte. Christian sprach weiter.

»Ein großes Dankeschön an Barbara, die letzte Woche den Blick nicht nur auf *ihren*, sondern auch auf *meinen* Kalender gerichtet und mich entlastet hat, ohne dass ich sie danach gefragt hatte! Sie hat einen Termin für mich übernommen, der mir viel Luft verschafft hat und der durch sie mindestens genauso gut gelaufen ist!« Barbaras Gesicht bekam etwas Röte und sie schaute verlegen aber lächelnd zu Boden.

»Auch Jochen möchte ich Danke sagen. Er hat mich letzte Woche mit seiner gewohnt kritischen Haltung auf ein paar für mich wertvolle Dinge hingewiesen. Danke dafür, Jochen.« Jochen schien nicht zu verstehen, was er gesagt haben sollte. Aber das Danke nahm er trotzdem ohne Widerworte an.

»Mona und Stefan unterstützen mich derzeit bei einem internen Projekt, das ich ohne sie wahrscheinlich nicht begonnen hätte. Das tut gut und schafft noch einmal eine ganz neue Teamatmosphäre, wie ich finde.« Stefan und Mona nickten lächelnd und wissend.

Bernd Nolte räusperte sich. »Wenn wir jetzt fertig sind mit unserer Lobhudelei ...«

»Nein, einen habe ich noch«, unterbrach Christian seinen Chef. »Ich habe mich letzten Freitag bei Herrn Moskanne bedankt. Ihr erinnert euch vielleicht an seine zwei DIN-A4-Seiten mit kritischen Kommentaren bezüglich unserer im letzten Monat durchgeführten Mitarbeiterbefragung. Ich habe ihn Freitag noch einmal angerufen und mich für seine Mühe und Zeit bedankt, die er in diese zwei Seiten gesteckt hat und ihm meine Wertschätzung dafür gezeigt. Ich hatte mich anfangs persönlich durch seine Kommentare und die doch gelegentlich harsche Kritik angegriffen gefühlt, dann aber gesehen, dass sich niemand so viel Arbeit machen würde, wenn er nicht etwas für den Prozess und dessen Verbesserung übrighätte.«

»Was hat er denn daraufhin gesagt«, fragte Stefan, der anfangs ebenfalls in das Projekt involviert gewesen war.

»›Dankbarkeit habe ich noch nie für meine kritische Meinung bekommen. Das zeugt von Größe‹, hat er gesagt. Und ich hatte das Gefühl, dass der Respekt zwischen uns durch dieses Telefonat um einiges gewachsen ist.«

»Und du auch um ein paar Zentimeter, wie es scheint«, sagte Nolte in knapper Manier. »Wenn ihr die Mitarbeiterbefragung nicht von vornherein fehlerhaft aufgesetzt hättet, wäre es ja nie zu diesem Schreiben gekommen.«

Durch die Mitarbeiter ging ein unruhiges Hin- und Herrutschen. Einige der Kollegen fühlten sich in ihrer Haut jetzt sichtlich unwohl. Christian schaute Bernd Nolte verdutzt an.

»Ja, Christian, du brauchst gar nicht so überrascht tun. Durch gezeigte Reue und Dankbarkeit für Kundenfeedback erledigen sich die Probleme ja auch nicht von selbst. Feedback holt man im besten Fall *vor* Fehlern ein und nicht *danach*.«

Christian schaute auf den Boden vor seinen Füßen. Seine Wangenmuskeln traten in kurzen Abständen hervor.

»Weißt du was, Bernd?«, fing er schließlich an. »Ich habe noch etwas vergessen.« Er atmete kurz durch, setzte sich dann gerade hin und schaute direkt in Noltes Augen.

»Ich bin auch dir dankbar. Und zwar für deine Offenheit über den von dir gemachten Fehler in puncto Bonus-Überweisung, den du zugegeben und sehr schnell behoben hast. Das fand ich groß von dir. Selbst, wenn es, glaube ich, das erste Mal *überhaupt* war, dass du einen Fehler offen angesprochen und dich dafür entschuldigt hast.«

Christian nahm seinen Notizblock, stand auf und ging aus dem Forum.

Dabei rannte er beinahe Werner Hagenhoff um, der gerade ins Forum schlurfte und einen Packen Schriftstücke vor sich herschob. Werner schaute Christian besorgt nach.

Teammeeting mit Nolte – eine steife Brise

Bernd Nolte hatte sich nach dem Jour Fixe schnell wieder gefasst. »Wir waren, glaube ich, bei Interna angelangt«, hatte er gesagt, als hätte es die zwei Minuten davor nie gegeben. Da niemand mehr etwas zu besprechen hatte, waren kurz danach alle wieder an die Arbeit gegangen.

Anja und Stefan kamen direkt nach dem großen Jour Fixe für einen »kleinen« Team-Jour-Fixe in Noltes Büro an. Er begrüßte sie mit einem süffisanten Grinsen: »Wo wir gerade bei Komplimenten waren …« Er drehte sich zu Anja, der sofort die Blässe ins Gesicht stieg.

»Keine Panik, Anja, ich habe keinen Anschlag auf dich vor. Ich wollte dir nur rückmelden, dass mich dein letztes Konzept für das Führungskräftetraining der Abteilungsleiter echt entzückt hat. Liebe zum Detail, roter Faden, knackige aber hoch kreative Aufgabenstellungen, pragmatische Übungen – das war durchweg eine runde Sache!«

Anja schien erleichtert.

»Ich habe dir doch gesagt, dass du dich einfach mal festbeißen musst und es dann schon klappt mit dem Konzipieren …«, fügte Nolte in ungewohnt positiver Laune hinzu.

Anja drehte sich leicht und schaute zu ihrem direkten Chef. Stefan schaute aber weiterhin zu Nolte.

»Dafür hat Stefan seine Projektvorschau das erste Mal seit Menschengedenken ordentlich, sauber und korrekt in Excel eingepflegt und ich kriege es einfach nicht in den Kopf, warum es nicht schon jahrelang so aussieht, lieber Stefan.«

Stefan verschränkte lächelnd die Arme vor der Brust und sagte laut »Danke« in Bernd Noltes Richtung.

»Wieso danke?«, fragte Nolte.

»Danke für das Kompliment über das kreative Trainingskonzept«, antwortete Stefan. »Das ist nämlich auf *meinem* Mist gewachsen. Dafür hat mir Anja bei eben jenen Zahlen in atemberaubender Geschwindigkeit alles geradegerückt, was ich – auch nach jahrelangem Üben – *wieder* übersehen hatte. Kleines Experiment unsererseits …«

Nolte kniff die Augen zusammen. Stefan wusste, dass Nolte es überhaupt nicht schätzte, wenn seine Leute eigenverantwortlich Entscheidungen umwarfen, die er klipp und klar anders kommuniziert hatte. Nolte kam jetzt näher zu Stefan und blickt ihn immer noch aus zusammengekniffenen Augen an.

»Lieber Stefan …« Nolte ließ die zwei Worte einen Augenblick im Raum stehen. »Mir scheint, Christian hat zumindest auch dich zu Dingen überredet, die so nicht mit mir abgestimmt waren. *Wenn* ihr hier schon an der Abteilungskultur rüttelt, dann erwarte ich eine Absprache mit eurem Vorgesetzten, der dann *ja* oder *nein* zu eurem neumodischen Zeugs sagt.«

»Was ist denn an stärkenorientierter Aufgabenverteilung …«, wollte Stefan gerade ansetzen, als ihn Nolte mit einer eindeutigen Geste unterbrach.

»Es ist mir egal, *was* es ist, was ihr ausheckt. Ich möchte darüber Bescheid wissen und die Fakten parat haben. Und zwar, *bevor* es passiert.« Nolte schaute zuerst Stefan und dann Anja an. »Habe ich mich klar genug ausgedrückt?«

Beide nickten.

Von Spiegelstrichen und ästhetischen Folien

»Wow, Mona ... Da hast du ja echt mal was aus den Folien herausgeholt!« Jochen klickte sich durch die Vorstandspräsentation und hob anerkennend die Augenbrauen. »Es sieht irgendwie ... aufgeräumter aus. Und übersichtlicher. Mehr ... wie soll ich sagen ... management-like.« Er klickte wieder zwei Mal. »Wo hast du denn die genialen Hintergrundbilder her? Haben wir dafür überhaupt Lizenzen?«

Mona lachte und freut sich sichtlich über Jochens Lob. Etwas, das der innoffiziellen zweiten Hand Bernd Noltes nur selten über die Lippen kam. Wahrscheinlich hatte er zu lange unter seinem Chef gelernt und gedient.

»Du wirst lachen, aber ... das sind meine eigenen Bilder«, sagte Mona.

»Selbst gekauft?«

»Nein, selbst geschossen.«

Jochen schaute jetzt von den Folien auf und blickte Mona direkt an. »Du fotografierst professionell? Wieso weiß ich davon nichts?«

»Du hast nie gefragt und irgendwie ist es mir nie in den Sinn gekommen, dass meine Kunst auch in unseren Folien mal Platz finden könnte.«

»Hm ...« Jochen blickte wieder zurück auf den Monitor. »Sinn für das Schöne, wie?«

Mona lächelte, sagte aber nichts. Sie hatte noch gut in Erinnerung, wie abfällig Jochen über den Stärkentest von Christian, Stefan und ihr gesprochen hatte.

»Weißt du ... ich glaube, ich sollte mal mit Bernd über diese ganze Stärkengeschichte sprechen.«

»Puh, ich glaube, das solltest du besser ...«

»Nein nein, Mona, ich meine, im Positiven.« Jochen drehte sich in seinem Schreibtischstuhl jetzt vollends zu Mona. »Glaubt nicht, ich bin blind und interessiere mich nicht mehr für das, was ihr Jungspunte so aus der Uni oder euren kreativen Freundeskreisen mitbringt.« Mona schaute Jochen verdutzt an.

»Ich weiß, ich bin selbst nicht frei vom Staub der letzten Jahre, aber ich sehe sehr wohl, wann es etwas Verfolgenswertes im Unternehmen gibt. In eurem Ansatz schwingt viel mit, was viele unserer Kollegen gerne umsetzen würden, es aber nicht können.« Mona wollte Jochen gerade euphorisch unterstützen, doch er sprach sofort weiter. »Versteh' mich nicht falsch – bestimmte Aufgaben muss einfach jeder machen und können. Und nicht jeder Mitarbeiter ist heiß drauf, seine Stärken mehr einzusetzen. Einige kommen auch einfach nur, damit sie um 17 Uhr wieder gehen können.«

Er drehte sich wieder zum Monitor, schloss die Präsentation und machte eine neue Word-Datei auf.

»Was hältst du davon, wenn wir Bernd mal mit ein paar Erfahrungsberichten und Fakten über euer … wie hast du's genannt …? Eure Guerilla …«

»Gorilla-Taktik«

»Gorilla-Taktik, genau. Du weißt, wie Bernd tickt. Ohne Fakten wird da nichts passieren. Er braucht Ergebnisse. Und ich bin gespannt, wie eure Erfahrungen aus den letzten zwei Wochen bisher gewesen sind.«

»Das hört sich doch nach einem Plan an«, sagte Mona.

»Gut, dann sammelt doch mal. Die Präsentation ist auf jeden Fall sehr cool geworden. Danke nochmal für dein Engagement und das Angebot, etwas mehr Pepp reinzubringen, wie du so schön gesagt hast. Das ist dir definitiv gelungen!«

Feedback, Rückschau und ein überraschendes Ende
In Bernd Noltes Büro war dicke Luft. Nicht, weil es Streit gegeben hätte, sondern weil seine fünf Teamleiter Christian, Stefan, Jochen, Mona und Silke schon seit eineinhalb Stunden über ihren Themen hockten und Projekte be-

sprachen, Kunden diskutierten und Vertriebsthemen konkretisierten. Niemand war auf die Idee gekommen, das Fenster zu öffnen.

Christian war in den vergangenen Tagen und auch heute sehr still gewesen. Ob aufgrund des unangenehmen Zwischenfalls im Jour Fixe vor mehr als einer Woche oder wegen anderer Themen, das wusste keiner so genau. Auch Nolte schien das zu merken und sprach das Offensichtliche an.

»Christian. Immer noch sauer wegen meiner ehrlichen Worte im Jour Fixe?«

Christian schien überrascht, dass Nolte das Thema vor allen anderen ansprach. Aber es sollte ihm recht sein.

»Was heißt *sauer*? Ich bin nur ins Nachdenken gekommen.«

Nolte wusste, dass Christian schon länger mit dem Gedanken spielte, etwas anders zu machen. Anders wie in *wo*anders. Er war sich noch nicht sicher, wie er das finden sollte.

Auch die anderen Teamleiter schauten jetzt zu Christian. Das Teamleitermeeting hatte plötzlich eine beunruhigend interessante Wendung bekommen.

»Was ist es, das dich immer noch stört?«, fragte Nolte und wusste, dass das eine gefährliche Frage ohne Boden war. »Und ich will jetzt nicht hören, was dich *insgesamt* alles an der Krageltec stört«, schob er hinterher. »Das würde vermutlich den Rahmen sprengen.«

»Es wäre aber vielleicht eine Sprengung wert, meinst du nicht? Manche Dinge gären meiner Meinung nach schon viel zu lange und kommen zu keiner Veränderung.«

»Dann sollten wir uns vielleicht auf eine Teilexplosion beschränken, die deine Kollegen möglicherweise auch miteinbezieht und zu einer konstruktiven – wohlgemerkt *konstruktiven* – Veränderung führen kann.«

Christian war sichtlich überrascht und konnte mit dieser Offenheit seines Chefs und dessen Angebot nicht sofort etwas anfangen. Er schaute kurz mit leerem Blick auf das fast leere Blatt vor sich auf dem Tisch und fing dann zögerlich an zu sprechen.

»Dann wähle ich Tor 3: die unzureichende Nutzung der Stärken in unserer Abteilung – ach, was rede ich: in der gesamten Krageltec.« Christian schaute Nolte an wie ein Schachspieler, der seinem Gegner gerade einen unparierbaren Zug vorgesetzt hatte.

Nolte stand auf und ging zu einem der riesigen Fenster, die zwar eine gute Aussicht, aber auch eine karge, trostlose Umgebung zeigten.

»Du sagst das, als hätte *ich* in der Hand, wie wir unser Unternehmen führen.« Er schaute weiterhin aus dem Fenster und drehte sich nicht um. »Dabei hat ein jeder von euch in der Hand, die Unternehmenskultur zu verändern und seinen Teil beizutragen.«

Hinter Nolte schnaufte jemand.

Nolte drehte sich wieder um und traf Stefans Blick. Stefan verschränkte die Arme vor der Brust.

»Bernd, bei aller Liebe – es ist nicht so, als würden wir nicht immer wieder mal versuchen, Veränderungen vorzunehmen und die Medizin zu schlucken, die wir auch den anderen Mitarbeitern des Unternehmens verabreichen. Aber allzu oft scheitert es einfach daran, dass wir nicht offen genug sind und meinen, wir wären etwas Besseres als die »einfachen Arbeiter« oder auch »die da oben«, die von Personalentwicklung vermeintlich keine Ahnung haben.«

Die Dynamik der Runde nahm Fahrt auf. Christian lächelte. Er schien den richtigen Nerv getroffen zu haben. Doch Nolte war nicht erst seit gestern hier im Unternehmen. Er wusste, was er zu tun hatte.

»Liebe Leute. Bevor wir hier jetzt einen Shitstorm lostreten und jeder seine Wehwehchen loswird, komme ich noch einmal auf meinen so explizit erwähnten Punkt zurück: Was wollt ihr *konstruktiv* tun, um die Unternehmenskultur zu verbessern?«

Jochen kramte in einer Mappe und zog ein Blatt Papier heraus, das er auf Noltes Schreibtisch schob. Nolte zog die Augenbraue hoch.

»Sind das eure Kündigungen?«, warf er in den Raum.

»Ich frage jetzt nicht, ob das für dich eine konstruktive Verbesserung wäre oder nicht«, sagte Jochen ungerührt. »Nein, das ist eine Sammlung von Studienergebnissen und Erfahrungen, die dich interessieren dürften und zumindest das Thema *Einsatz und Stärkung von Stärken* für dich relevanter machen sollten.«

Nolte ging zu seinem Schreibtisch zurück und nahm das Papier in die Hand. Dann las er laut vor:

Vorteile des Stärkenansatzes
- **Personalentwicklung anhand von Stärkenfokus** findet **on-the-job** statt, ist kostengünstig, langfristig, flexibel und sehr persönlich, nicht von Externen abhängig und beeinflusst auch die Mentalität vieler Beteiligter (und auch Noch-nicht-Beteiligter).

Fun-Fact: Fünf Kollegen haben – ohne unser Zutun – sowohl den Stärkentest gemacht als auch angefangen, sich am Ende des Tages Notizen über ihre Stärkennutzung zu machen. Alleine durch das Ausfüllen der Tests haben mittlerweile acht Personen ein besseres Verständnis über ihr Stärkenportfolio und damit mehr Aufmerksamkeit für das Thema.

- Es entstehen »**Stärkenpools**«, also Menschen, die sich durch gemeinsame Stärken verbunden fühlen.

Fun-Fact: Zwei Kollegen, die Kreativität als gemeinsame Stärke haben, präsentierten innerhalb der ersten Woche nach dem Start unseres Experiments zwei kreative Lösungsansätze für ein internes Projekt, die wir sofort umgesetzt haben. Kostenersparnis: ca. zwei Beratertage!

- Es entstehen weiterhin ...
  - mehr **Energie** bei den Nutzenden,
  - ein gesteigertes **Selbstbewusstsein** durch häufigere Erfolgserlebnisse,
  - dadurch wiederum **höheres Engagement: Aufgaben** werden lieber übernommen oder sogar proaktiv erschaffen, weil sie der Stärke zuträglich sind (**Eigeninitiative**).

Fun-Fact: der Kunde Moskanne hat sich, motiviert durch Christians explizitem Dank am Wochenende, hingesetzt und sehr konkrete Vorschläge zur Verbesserung der Mitarbeiterbefragung eingereicht (obwohl dies nicht seine Aufgabe war). Aufwand für uns: Null Arbeitstage. Dazu hohe Effektivität, da wir mit diesen konstruktiven Beiträgen zur Verbesserung auch die Befragung auf ein höheres Niveau heben konnten *und* einen Kollegen aus einer anderen Abteilung und eine *seiner* Stärken besser kennenlernen konnten.

Es entstehen weiterhin ...

- mehr **Optimismus** und Vertrauen in die eigenen Ergebnisse und Erfolge,
- mehr **Sinnhaftigkeit** (weg vom Aufgabenfokus, hin zu den Kompetenzen einer Person) und **Lust** auf die Arbeit,
- bessere **Problemlösungen**, weil jeder spezifisch mit seiner Denke kommt, eine höhere Akzeptanz herrscht und auch andere Kollegen – abteilungsübergreifend mit ihren jeweiligen Stärken – offen einbezogen werden.

Fun-Fact: durch stärkenorientierte Verschiebung einiger Aufgaben sind Qualität und Effizienz gestiegen. Excelarbeiten wurden teils in einem Viertel der Zeit von unseren Analytik-Helden bearbeitet, die sogar noch Fehler in den Tabellen fanden. Dadurch wurde mehr Zeit für kreative Prozesse frei, die zum Beispiel genutzt wurden, um neue Infografiken zur Ergebnisdarstellung unserer Mitarbeiterbefragung zu erstellen – etwas, das wir vorher nicht einmal auf der Agenda hatten, aber einen großen Mehrwert bietet.

- Weiterer Vorteil: Insgesamt entsteht eine **höhere Zufriedenheit** bei der Arbeit und ein größerer Nutzen des Potenzials aller. → Mehr Personal- und Organisationsentwicklung.

Fun-Fact: Unser Blitzlicht-Feedback über die Zufriedenheit ist in den zwei Wochen bei denjenigen, die ihre Stärken vermehrt genutzt haben, im Mittel um 33,7 % gestiegen. Ob das ein Zufall war oder tatsächlich ein Zusammenhang mit den oben genannten Erfahrungen vorliegt, werden wir in den nächsten zwei Wochen genauer betrachten.

Nachteile des Stärkenansatzes

- Gefahr des Überstrapazierens einzelner Stärken, weil der Ansatz Spaß macht, aber möglicherweise nicht kritisch genug betrachtet wird. (Oft reicht eine Top-Stärke nicht aus, um ein Problem zu beheben oder eine Schwäche auszugleichen → nächste Stärke fokussieren oder andere Kollegen hinzunehmen.)
- Gefahr der Selbstüberschätzung, weil der Stärkenfokus Euphorie auslösen kann, die wiederum Kritik unwichtiger erscheinen lassen kann, als sie möglicherweise ist. Die Augen offen zu halten, wäre hier die Devise! Regelmäßige Reflektion über die Nutzung oder das Überstrapazieren der Stärken sollte gegeben sein.

- Frustrationspotenzial bei jenen Aufgaben, die keine Nutzung der eigenen Stärken zulassen, trotzdem aber gemacht werden müssen. Durch den Fokus auf Stärken könnte diese Lücke viel stärker auffallen, als es sonst der Fall wäre.

Nolte legte das Blatt wieder auf den Schreibtisch und schaute jeden seiner Teamleiter an, als wolle er nun entscheiden, um wessen Kündigung er bitten soll und welche Mitarbeiter er noch einmal davonkommen lässt.

Dann nahm er aus einer sauber sortierten Sammlung von Flipchart-Stiften auf seinem Schreibtisch einen dicken schwarzen heraus und ging zu seiner Magnetwand. Und mit einer über Jahre hinweg trainierten Schrift konnten die fünf um den großen Tisch sitzenden Teamleiter folgende Überschrift mit einer Sammlung von Fragen entstehen sehen – und sie staunten nicht schlecht …

Das 30-Tage-Experiment: der Stärkenfokus
1. Welche drei Kern-Stärken sehe ich bei mir selbst?
2. Welche drei Stärken sehen drei von mir ausgesuchte Kollegen, Führungskräfte oder Mitarbeiter bei mir? Woran machen sie das fest, welche Beispiele gibt es dazu?
3. Wie kann ich diese Stärken besser in meiner täglichen Arbeit einbringen? Und *wie mache ich das* in den nächsten 30 Tagen?
4. Dokumentation: Was hat sich durch meinen Stärkenfokus bei mir *messbar* verändert und welchen Gewinn hat das Unternehmen dadurch verbucht?
5. Sind diese Erkenntnisse skalierbar und, wenn ja, wie können wir das für die Personalentwicklung des gesamten Unternehmens nutzen und umsetzen?

Nolte drückte die Kappe mit einem *Knack* auf seinen dicken Stift zurück und drehte sich wieder zu seinem Team um.

»Machbar?«

Die fünf Teamleiter nickten und lächelten allesamt. Nolte legte seinen Stift auf den Schreibtisch, stützte sich auf seine Hände und lehnte sich etwas nach vorne zu seinen Leuten, bevor er mit leisen aber bestimmten Worten weitersprach:

»Wenn ich das Gefühl habe, ihr bescheißt euch mit euren Antworten, seid nicht ehrlich zu mir oder seht am Ende dieses Monats keine *signifikant* positiven Veränderungen, ist das Thema ein für allemal durch.«

Seine Mitarbeiter nickten erneut. Immer noch mit einem Lächeln auf den Lippen.

»Dann husch husch und ab die Post«, sagte Nolte und scheuchte seine Mannschaft aus dem Zimmer.

4.2 Reflexion: Unsere Erfahrungen mit dem Stärkenfokus

Das war ja mal ein ganz anderer workhack. Da wird ja im Grunde gar nichts »gehackt«. Die Stärken der anderen zu kennen, geht doch nicht mit einer Verhaltensänderung einher, oder?

Auf den ersten Blick mag das so erscheinen. Es ist ein etwas anders gelagerter *workhack*. Hier wird kein Arbeitsablauf unterbrochen und gezielt eingegriffen, das stimmt. Aber das wäre auch eine etwas eng gefasste Definition von *workhacks*.

Mit *workhacks* wollen wir auch eingefahrene Denkmuster unterbrechen. Wir sind es gewohnt, im Arbeitszusammenhang häufiger auf die Defizite der anderen zu schauen als auf die Stärken. Das ist auch ein bisschen bequem. Statt auf meine eigenen Schwächen zu schauen und diese zuzugeben, kann ich natürlich immer andere Schuldige finden. X hat nicht geklappt, weil Y zu faul oder unorganisiert ist. Mit Z kann ich nicht arbeiten, weil diese Person unfähig ist – die Liste ist lang. Es ist nicht immer böse Absicht, in eine solche defizitorientierte Haltung zu verfallen. Manchmal sind es einfach unreflektierte Denkroutinen, die nie infrage gestellt werden. Wenn man nicht aktiv dagegen arbeitet, wird solch eine Routine zum Bestandteil der Unternehmenskultur.

Eine defizitorientierte Kultur finden wir häufig vor. Dazu gehören auch die Lästereien in der Kaffeeküche, die Verbrüderung von Kollegen, die dadurch aktiv andere Kollegen ausschließen, und das Schlechtreden von Kollegen beim Chef. Diese Form der informellen Kommunikation ist Gift für die produktive Teamarbeit. Sie bringt Vorurteile hervor oder verstärkt sie, und sie verhindert Diversität. Wenn sich eine solche Kultur ausgebreitet hat, ist es schwer für einen Andersdenkenden, Gehör zu finden, eine neue Idee einmal auszuprobieren und bei Experimenten auf das Wohlwollen der Kollegen zu hoffen. Die Wahrscheinlichkeit, dass die unterschiedlichen Fähigkeiten in Teams mit solchen Kommunikationsmustern gesehen und aktiv genutzt werden, tendiert gegen Null.

Lässt sich denn tatsächlich gegen solch eine festgefahrene Kultur etwas machen?

Oh ja, Kultur ist immer veränderbar. Über neue Erfahrungen, Regeln und Methoden. Eine sehr schöne Möglichkeit ist dieser positive *workhack*, den auch Michael Tomoff unter anderem in seinem Spezialfeld, der Positiven Psychologie, nutzt: Man überlegt selbst, was die starken Seiten einer Person sind, und erhält zudem Ergänzungen durch die Perspektiven von Kollegen, die sicherlich noch weitere positive Eigenschaften kennen oder sehen.

Zudem sind viele Menschen oft unsicher, ihre eigenen Stärken zu erkennen. Die meisten von uns haben zwar ein paar Ideen, was sie gut können, aber eben immer nur aus der Innenperspektive. Weiterhin würden viele von uns Stärken gar nicht als solche bezeichnen, »weil wir das eben immer so machen«. Sie erkennen gar nicht, dass bestimmte Aufgaben anderen Menschen vielleicht extrem schwerfallen und diese uns um diese Stärke(n) beneiden. Der ausschließliche Fokus auf die Stärken ist dabei besonders hilfreich, weil man dadurch nicht in Versuchung kommt, die vereinzelten Stärken nur kurz aufzuzählen, um danach endlich ausführlich auf die Schwächen zurückzukommen.

Ja, aber ist dafür nicht das Mitarbeitergespräch da? Dort bekommt der Mitarbeiter doch Feedback von seiner Führungskraft hinsichtlich seiner Stärken und Schwächen ...

Das ist eine Möglichkeit, ja. Aber die hat einige Schwächen: Zum einen muss eine Führungskraft häufig Mitarbeiter beurteilen, mit der sie gar nicht immer so eng zusammenarbeitet. Da kommen Verzerrungen, Fehlwahrnehmungen und -interpretationen auf, die zu unfairen Beurteilungen führen können. Wir erleben häufiger, dass Mitarbeiter nach einem Gespräch unglücklich sind und die Beurteilung unfair finden. Die häufigste Aussage ist sinngemäß: »Der/die hat doch keine Ahnung, was ich wirklich leiste.« Dann kann das Mitarbeitergespräch für Monate demotivierend wirken. So ist das theoretisch von der Personalabteilung natürlich nicht gedacht, aber in der Praxis erleben wir das doch sehr häufig.

Zum anderen ist die Perspektive von einem einzelnen Menschen, auch wenn es die Führungskraft ist, doch immer sehr subjektiv und sie ist auch abhängig von der Persönlichkeit des Beurteilenden. Die Mitarbeiter lernen dann, den Vorstellungen ihrer Chefin oder ihres Chefs zu entsprechen. Das muss aber nicht immer die besten Ergebnisse für das Unternehmen hervorbringen. Häufig führt die Haltung nicht zu kreativen Ideen oder zu einem Gefühl der Selbstwirksamkeit, sondern zu Opportunismus und Konformismus.

Aber die meisten Mitarbeiter wollen doch Feedback von ihrer Führungskraft.

Auch wenn wir vieles an dem Führungsinstrument Mitarbeitergespräch zu kritisieren haben, wollen wir es mit diesem *workhack* ja nicht abschaffen. Der Stärkenfokus ist kein Ersatz für Feedback. Er ist eine gute Gelegenheit, sich einmal ausschließlich die Brille des Potenzials aufzusetzen. Das ist nicht in erster Linie ein Feedback-Hack, sondern vor allem ein Blickwinkel-Hack! Es geht darum, einen neuen Blickwinkel einzunehmen. Wer fragt sich schon, welche ausschließlichen Fähigkeiten Kollege X oder Y hat? Wir wissen zwar eigentlich alle, dass die Konzentration auf unsere Schwächen sehr mühselig ist, aber trotzdem ist die Haltung weit verbreitet, insbesondere auf den Schwächen anderer rumzureiten. Dieser *workhack* hilft, aus dem Denkmuster der Schwächenorientierung herauszukommen.

Wenn ein Team stark in der Stärkenorientierung ist, dann passiert das, was auch in unserer Kurzgeschichte geschehen ist: Aufgaben werden sinnvoll auf *Menschen* verteilt und nicht auf Stellenprofile.

Vor einer Veränderung wird in vielen Fällen eine Analyse gemacht, um den Ist-Stand zu reflektieren. Bei den workhacks klingt es so, als würde man gleich ins Tun gehen. Warum reflektiert und analysiert ihr vor dem Tun nicht gründlicher?

Das ist ein wichtiger Punkt für uns: Wir glauben, dass die Reflexion wirksamer ist, wenn sie *nach* dem Tun einsetzt. Denn dann kann man auf der Grundlage einer konkreten neuen Erfahrung reflektieren. Für uns ist das ein weiterer *Hack* in *workhacks*. Viele Berater, Coaches oder Trainer beginnen mit der Analyse und der Reflexion der Ist-Situation und gern auch mit der Aufarbeitung der Vergangenheit. Das haben wir selbst viele Jahre gemacht. Wir dachten, man muss durch das »Tal der Tränen«, um die Zukunft positiv gestalten zu können. Durch Design Thinking, SCRUM und andere Methoden haben wir gelernt, dass man Organisationsentwicklung auch anders betreiben kann; vorwärts gerichtet und zwar von der ersten Minute an. Mit *workhacks* erhält ein Team Inspirationen, anders miteinander zu arbeiten, dann führt man eine Veränderung ein und reflektiert diese Veränderung. Das bedeutet nicht, dass die Vergangenheit keinen Wert hat. Für uns ist die in die Zukunft gerichtete Vorgehensweise jedoch intuitiver und hilfreicher; erst handeln, dann reflektieren.

Die Aufforderung und Inspiration zum Anders-Handeln sind Kernelemente der *workhacks*. Es wird so viel über »neues Arbeiten« gesprochen, aber ohne das Erleben ist das Ganze doch ein bisschen blutleer. Deshalb geht es bei *workhacks* darum, sofort in eine veränderte Arbeitssituation zu kommen und diese zu praktizieren. Die Bewertung und Reflexion beruht dann auf dem Erlebten – bei positivem Erleben macht man damit weiter, und wenn sich die Arbeitssituation nicht dadurch verbessert hat, hört man eben wieder damit auf.

Aber muss man denn nicht erst das Problem kennen, bevor man zu einer Lösung greift?

Mit den *workhacks* geht es uns nicht so sehr um Wahrheitsfindung, sondern um pragmatische, kleine, wirkungsvolle Initialzündungen, die sich in einem Team selbst entfalten. Dabei gibt es weder »richtige« Probleme, noch »falsche« Lösungen. Die Suche nach dem »wahren« Problem kann schnell zu einem unverhältnismäßigen Aufwand und zu politischen Spielen führen.

Wir haben die Erfahrung gemacht, dass Menschen aus dem Angebot an *workhacks* diejenigen auswählen, die ihnen ihrer Meinung nach am hilfreichsten, wirkungsvollsten oder effektivsten erscheinen. Das klingt jetzt banal, aber das Bauchgefühl filtert.

Wenn die Menschen mit den Interventionen bekannt gemacht werden und hören, welche Erfahrungen andere Teams damit gemacht haben, reicht das schon als Entscheidungsgrundlage. Dann werden diejenigen *workhacks* ausgewählt, von denen sie sich den größtmöglichen Erfolg versprechen. Und übrigens, ganz entgegen vieler Vermutungen werden nicht die vermeintlich einfachsten *workhacks* gewählt, die die geringste Veränderung erfordern. Im Gegenteil, es werden *workhacks* gewählt, die schnell die echten Probleme adressieren.

Aber wenn der workhack dann doch gar nichts bringt?

Dann schafft man ihn wieder ab. Man startet einen Versuch, und wenn man das Gefühl hat, es bringt nichts, dann beendet man ihn – so wie im echten Leben. Das ist ein Vorgehen, das wir bei agilen Teams besonders stark beobachtet haben. Anstatt wasserfallartig den gesamten Prozess durchzuplanen, gehen wir Schritt für Schritt vor. Wir adressieren mit den *workhacks* vor allem die Zusammenarbeit und damit die soziale Interaktion. Es ist doch vermessen zu glauben, man könne soziale Interaktion kontrollieren oder steuern. Bereits die erste Veränderung kann eine neue Dynamik oder neue Bedürfnisse hervorbringen. Deshalb gibt es keinen Masterplan, sondern eine Veränderung nach der anderen. Genau wie komplexe Projekte in Unternehmen – die werden auch immer stärker nach diesem agilen Prinzip durchgeführt.

Man setzt – genau wie bei einfachen Prototypen – nicht gleich Millionen in den Sand für etwas, das einfach ausprobiert werden muss. Wenn es aber richtig gut funktioniert, dann hat man das mit wenig Aufwand, Budget und Zeit herausgefunden. Durch die kleinen *Hacks* wird es selbstverständlicher zu experimentieren. Letztlich wirkt sich das auf die Art und Weise aus, wie mit unbekannten, neuen Themen umgegangen wird.

»Lasst uns etwas ausprobieren!«, lautet die Devise.

Stärkenfokus

Kurzbeschreibung

Der *workhack* Stärkenfokus zielt auf die Verschiebung der Aufmerksamkeit vom Wunsch nach Bekämpfung oder gar Eliminierung von Schwächen hin zur Stärkung der individuellen Stärken eines jeden Mitarbeiters. »Rote Balken« (Defizite) unter den Fähigkeiten eines Individuums werden nicht ignoriert, jedoch nur in dem Maße bearbeitet, wie eine Verbesserung notwendig ist. Im Fokus stehen die »grünen Balken« (Stärken), die analysiert und weiterentwickelt werden.

Der *workhack* ist hilfreich bei ...

- dem Schaffen von Engagement und Motivation,
- der Entwicklung neuer Möglichkeiten für Problemlösungen,
- der Freisetzung von Energie und der Reduzierung subjektiven Stresses,
- der Erhöhung der Arbeitsleistung (individuell sowie auf Teamebene) und körperlichen Fitness,
- der Steigerung der Sinnhaftigkeit der Arbeit,
- der Verbesserung des Wohlbefindens der Mitarbeiter.

Was Sie beachten sollten

- Keine »Übernutzung« von Stärken (Beispiel: Humor ist eine Stärke, aber ein Zuviel kann lächerlich wirken und auf Kosten der Seriosität gehen. Eine Stärke für *alle* Probleme oder Aufgaben nutzen zu wollen, ist ebenfalls nicht ratsam).
- Die Fokussierung auf Stärken bedeutet nicht, dass Schwächen vollständig ignoriert werden (»Overcome weaknesses in order to survive. Play to your strengths to thrive«).
- Die Vielfalt der Stärken verschiedener Mitarbeiter sollten aufeinander abgestimmt werden.

Stärkentests im Internet

- VIA IS (http://www.viacharacter.org/www/Character-Strengths-Survey)
- StrengthsFinder 2.0 (http://www.gallupstrengthscenter.com)
- R2 Strengths Profiler (http://www.capp.co/R2StrengthsProfiler)
- High5Test (http://www.high5test.com)

5 Workhack Retrospektive

von Rainer Kruschwitz

5.1 Kurzgeschichte: Eine Kultur der Offenheit fördern

Feenstaub für die Teamarbeit

»Das kann doch nicht wahr sein!« Katharina schloss kurz die Augen. Einatmen, ausatmen. Was wollte sie gleich noch erreichen? Jetzt nicht abbringen lassen von den alltäglichen Widrigkeiten. Immer das Ziel im Auge behalten.

In drei Monaten fand die internationale Maschinenbaumesse IMACon statt. Doch jedes Mal, wenn sie die Hoffnung hegte, dass es doch noch möglich sei, die Vorbereitungen pünktlich abzuschließen, schien schon die nächste Katastrophe hereinzubrechen. Diesmal war es der Messebauer, dem im letzten Augenblick auffiel, dass die IT-Anforderungen an den Messestand einen größeren Umbau nach sich ziehen, die sowohl Budget wie auch Zeitrahmen sprengen würden.

Katharina hatte schon viele Veranstaltungen organisiert. Und sie wusste, dass ihr Team irgendwie dann doch immer alles hinbekommen hatte. Doch leider schien sich dieses Wissen gerade in einem sehr begrenzten Bewusstseinsraum in ihrem Kopf einzuschließen. Der Rest ihres Hirns konnte – als hätten sie noch nie eine Veranstaltung organisiert – ungehindert in kopflose Panik verfallen.

Jedes Mal, wenn sie meinte, alle Puzzleteile annähernd zusammengesetzt zu haben, zog jemand das Tischtuch weg. Gerade flog alles in ihrem Kopf durcheinander: »Man muss das eben Mal in Ruhe richtig durchdenken«, hörte sie die Stimme ihrer Chefin Daniela Vogel, »das ist ja keine Raketenwissenschaft«. Und wieder versuchte sie im Kopf die einzelnen Arbeitsschritte zu einem funktionierenden Plan zusammenzusetzen. Als sie gerade dabei war, Plan B zu verwerfen, aber eine Intuition spürte, dass Plan C vielleicht funktionieren könnte, fühlte sie jemanden vor ihrem Schreibtisch stehen.

»Na, wie läuft's?«, fragte Florian, der neue Projektleiter für die Event-App aus der IT.

»Ja, läuft. Nein, ehrlich gesagt nicht. Noch ehrlicher, ich weiß es nicht. Ich muss los. Nachher Mittagessen?« Katharina schnappte ihr Notizbuch und rannte in Richtung Höxter 3A, wo das wöchentliche Status-Meeting wahrscheinlich schon angefangen hatte.

Florian überlegte, ob er Katharina schon einmal in Ruhe zu einem Besprechungsraum hatte gehen sehen und ob das wohl an Katharina lag oder das bei dem Job einfach dazugehörte. Gemütlich schlenderte er zurück zu seinem Schreibtisch und freute sich auf eine spannende neue Episode der Serie »Making of Maschinenbaumesse«, die Katharina offensichtlich in petto hatte.

Ein Augen öffnendes Abendessen
»Na, das mit dem Mittagessen war wohl nichts?«, fragte Florian einige Stunden später.

Das scheinbar harmlose Status-Meeting, das sich schleichend in ein verfängliches Krisen-Meeting verwandelte, hatte ihre Mittagspause verschlungen. Erst nach zwei weiteren Anschlussbesprechungen wurde Katharina erschöpft und geschlagen ausgespuckt. Katharina schaute auf ihre Uhr. Der Tag war quasi schon vorbei und sie hatte noch nicht einmal angefangen zu arbeiten. Aber Essen war in der Tat eine gute Idee.

»Tut mir leid, ich hatte noch keine ruhige Minute – geschweige denn eine Mittagspause. Was hältst du von einem Abendessen und ich lade dich auf ein Bier ein?«

Florian beobachtete Katharina auf ihrem Weg, sie schien trotz der Strapazen kein Jota an Energie eingebüßt zu haben. Zügig wie immer lief sie zur Stadtschenke und erzählte ohne Unterlass von ihren Ideen, wie sich die Messeveranstaltung besser organisieren ließe. Sie legte dabei eine Begeisterung an den Tag, als ginge es um die Planung ihres nächsten Sommerurlaubs.

Nach dem ersten Bier schien sich Katharina ein wenig zu entspannen: »Puh, was für ein Tag! Ist das normal?« Aber ein kleiner fragender Blick von Florian reichte aus, um Katharina wieder ins Reden zu bringen. Natürlich hatte ihre Chefin, Daniela Vogel, recht, als sie den Status der einzelnen Aufgaben kritisch hinterfragte. Und natürlich wusste Katharina selbst, wie kritisch der Status des Gesamtprojektes war. Sie hatte auch nie einen Hehl daraus gemacht und auch keine Hemmungen, offen und transparent darzustellen, wo die Schwierigkeiten lagen.

Womit sie jedoch ein Problem hatte, war die mangelnde Unterstützung aller Beteiligten. Anscheinend war allen nur daran gelegen, nichts mit den Schwierigkeiten zu tun zu haben und immer wieder zu betonen, dass allein Katharina die volle Verantwortung trug. Obwohl es offensichtlich war, dass die wahren Ursachen in der mangelhaften Zusammenarbeit lagen. Aber bequemer war es natürlich, Katharina, die jüngste Teamleiterin bei Krageltec, als die personifizierte Schuld an den Pranger zu stellen. Eigentlich seien sie in ihrer Abteilung nicht »politisch«, sagten sie im Team immer. Aber war das nicht politisches Taktieren?

»Naja, Augen zu und durch«, schloss Katharina resigniert ihren Gedanken ab.

»Oder Augen auf!«, meinte Florian.

»Wie meinst du das?«, fragte Katharina irritiert.

Florian erzählte, dass er vergleichbare Situationen aus IT-Projekten kannte. Da gab es häufig ähnliche Probleme. Es gab immer einen Fertigstellungstermin, der fast nicht zu halten war. Oder er war nur dann zu halten, wenn alles perfekt liefe. Irgendwie schienen diejenigen, die die Projekte zu Anfang planten, mit einer übergroßen Portion Hoffnung und Optimismus gesegnet zu sein. Getreu dem Leitspruch: »Das wird schon alles werden, da müssen sich die Beteiligten eben mal anstrengen.« Außerdem war es ja alles noch recht weit weg, und diejenigen, die die Projekte aufsetzten, waren auch nicht dieselben, die sie nachher umsetzen mussten.

»Genau«, warf Katharina ein, »aus Geschäftsleitungssicht sieht das anfangs immer ganz einfach aus, aber wir müssen es dann ausbaden, wenn unvorhersehbare Dinge dazwischenkommen oder andere Abteilungen ihre Arbeit zu spät abliefern.«

»Ja, auch das ist typisch für solche Projekte. Es gibt viele Abhängigkeiten, die man im Vorhinein leicht unterschätzt.« Florian schilderte, dass er schon häufig dieses Muster beobachtet hatte: »Anfangs wird ein grober Plan aufgestellt, was auf was folgen muss, damit alles zusammenspielt. Auf dieser Ebene sieht es noch gut aus. Die Probleme zeigen sich aber erst in der Umsetzung und den damit verbundenen Verzögerungen, die der anfängliche, grobe Plan nicht enthält. Und so verschiebt sich der Zeitplan langsam aber sicher. Das zweite Stadium zeichnet sich dadurch aus, dass man die Probleme nicht wahrhaben will. Und wenn die Probleme dann offensichtlich werden, ist es oft schon so spät, dass sich keiner mehr traut, sie anzusprechen, weil man sie ja eigentlich schon viel früher hätte erkennen können. Dann will keiner mehr die Verantwortung dafür übernehmen.«

»Ja, genau. Ich hatte schon vor einiger Zeit auf eine ganze Menge von Problemen hingewiesen, aber alle haben meine Bedenken abgetan. ›Halb so wild‹ hieß es und ›Das kriegen wir schon noch hin‹.« Zum ersten Mal seit Langem fühlte sich Katharina verstanden und hatte das Gefühl, auf einer anderen Ebene zu diskutieren – auf der richtigen Ebene. Ernüchternd meinte sie, »Wenn das immer so ist, dann brauche ich, glaube ich, einen neuen Job. Denn offenen Auges immer wieder in diese Fallen zu tappen, halte ich auf Dauer nicht aus.«

»Das dachte ich auch, bis ich Firmen kennengelernt habe, die ganz anders arbeiten. Zum Beispiel unsere Agentur, die die Apps für uns entwickelt«, warf Florian ein.

»Und was machen die anders?«, fragte Katharina neugierig.

»Dort herrscht eine ganz andere Grundhaltung. Probleme werden nicht vertuscht, in der Hoffnung, dass sie sich von selbst lösen, sondern die Leute werden ermutigt, Probleme und Risiken frühzeitig auf den Tisch zu bringen, damit man rechtzeitig etwas dagegen tun kann. Die Mitarbeiter versuchen auch nicht, sich gegenseitig die unangenehmen Dinge zuzuschieben, sondern sie gehen die Themen gemeinsam an. Die Leute werden mit den Schwierigkeiten nicht alleine gelassen, sondern alle nehmen sich gemeinsam des Problems an. Niemand fragt danach, wer schuld ist oder ob etwas hätte anders laufen sollen.«

Katharina mochte das kaum glauben. Sicherlich gab es Firmen, in denen alles ganz toll lief. Da waren aber eben auch die Umstände ganz anders. Bei Krageltec würde das nicht funktionieren. Katharina senkte den Blick, bis er auf dem Glasboden ihres Bierglases liegenblieb.

»Du glaubst nicht daran, dass das bei uns möglich ist«, vermutete Florian. Katharina nickte langsam, ohne ihren Blick abzuwenden, ganz so, als würde sie gar nicht richtig zuhören. Florian erzählte weiter:

»Vor zwei Monaten hätte ich dir noch zugestimmt. Inzwischen habe ich bei uns in der IT erlebt, wie sich Einstellungen und das Miteinander verändern können. Klar geht das nicht von heute auf morgen, aber die neue Stimmung ist für alle spürbar. Es waren ja auch alle unglücklich mit der Situation – aber jetzt kommt langsam Bewegung in Prozesse, die früher unter ›Das ist bei uns halt so!‹ verbucht wurden.«

»Gibt es da Feenstaub, den man über das Team rieseln lässt, oder wie funktioniert das konkret?« Sie hätte nie gedacht, dass sie ausgerechnet mit einem ITler einmal so eine Diskussion haben würde. IT war für sie immer der Inbegriff mangelnder sozialer Kompetenz, aber vielleicht musste sich ja gerade deshalb in diesem Bereich am dringendsten etwas tun.

»Eigentlich war es kein Hexenwerk. Es waren alles einfache Dinge, die wir gemacht haben. Uns war schon länger klar, dass wir so nicht weiterarbeiten konnten. Immer seltener wurden Termine eingehalten. Umsetzungen von Anforderungen dauerten immer länger. Und immer mehr Projekte scheiterten. Bis eines Tages unser neuer Teamleiter anfing, die Probleme offen anzusprechen. Er hat nicht, wie sonst seine Vorgänger, Reden in einem anklagenden Unterton gehalten, sondern er war wirklich interessiert. Er hat die Dinge ganz offen beim Namen genannt, die wir alle schon kannten, aber die niemand sich getraut hatte auszusprechen. Danach waren wir alle erst mal irgendwie erleichtert.«

»Und dann?« Katharina blickte auf einmal Florian interessiert an.

»Naja, nachdem unser Teamleiter die Dinge so offen ausgesprochen hatte, fiel es uns leichter, über die unangenehmen Themen zu sprechen und Lösungen zu suchen. Wir haben zunächst alle Probleme aufgelistet. Das war auch alles nichts Neues und jeder wusste ja eigentlich auch, was bei uns schiefläuft. Aber es hat uns gutgetan, die Probleme gemeinsam zu sammeln. Bis dahin dachten wir, dass man die Probleme besser gar nicht benennt, wenn man sie nicht lösen kann, und deswegen haben wir meistens darüber geschwiegen. Aber mit dem neuen Teamleiter haben wir einfach vorne angefangen mit dem ersten Thema. Das haben wir diskutiert und tatsächlich eine Lösung gefunden. Dann haben wir uns das zweite Problem vorgeknöpft und so weiter.«

»Das klingt so leicht, wenn du es erzählst. Ich wüsste gar nicht, wo ich anfangen sollte«, sagte Katharina, bevor sie die aufkommende Resignation mit einem großen Schluck hinunterspülte.

»Das musst du ja auch gar nicht.« Diesmal schaute Katharina ihn verwirrt an.

»Dafür hast du ja deine Teamkollegen. Sie kennen die Probleme doch alle. Und wahrscheinlich haben sie auch Ideen, wie man es besser machen kann. So haben wir das auch gemacht, und weil es so gut lief, haben wir gemeinsam entschieden, solche Treffen regelmäßig zu machen. Inzwischen finden solche Retrospektiven bei uns alle zwei Wochen statt.«

»Ich wusste gar nicht, dass ihr so kunstinteressiert seid«, machte sich Katharina über Florians Buzzword lustig.

»Retrospektiven sind Workshops nach einem festen Format, in denen das ganze Team offen diskutiert, was gut lief, was nicht so gut lief und was man dagegen tun kann. Die Themen werden jeweils ausführlich diskutiert und das Team beschließt dann gemeinsam Maßnahmen, um die Situation zu verbessern. Unser Teamleiter sagt immer, wir arbeiteten dann nicht *im* Team, sondern *am* Team. Thema des Meetings sind nicht unsere Projektarbeit oder unsere fachlichen Probleme, sondern die Art und Weise, wie wir zusammenarbeiten. Und ich kann dir nur sagen, dass diese Meetings zumindest bei uns unglaublich viel bewirkt haben. Wir haben ein ganz neues Teamverständnis entwickelt. Klar, es gibt immer noch dauernd Probleme, aber sie belasten uns nicht mehr so, weil wir wissen, dass wir sie gemeinsam angehen werden.«

Als Katharina nach Hause lief, hatte sich ihre anfängliche Skepsis in komplette Begeisterung verwandelt. Sie war ganz inspiriert von dem Ausblick, dass so etwas in ihrem Team auch möglich sein sollte. Es war so einleuchtend. Diese Haltung, Probleme offen auszusprechen und dann gemeinsam im Team zu lösen, entsprach ihr viel mehr und passte viel besser zu ihrer Grundhaltung. Am vielversprechendsten klang für sie das konkrete Vorgehen mit regelmäßigen Retrospektiven. Florian hatte ihr noch ausführlich erklärt, wie man sie durchführt und was man dabei beachten muss. Nichts sprach dagegen, es auch in ihrem Team auszuprobieren. Katharina schwor sich: »Ab jetzt gehen wir keinem Problem mehr aus dem Weg. Ab jetzt gibt es Retrospektiven und alles kommt auf den Tisch: Augen auf!«

Eine zukunftsweisende Retrospektive

Es war nicht leicht gewesen, alle davon zu überzeugen, sich Zeit für eine Retrospektive zu nehmen, wo doch jedem klar sein musste, wie viele dringende Aufgaben zu erledigen waren. Und auch Katharina hatte Zweifel, ob es sich wirklich lohnen würde, neun Leute aus unterschiedlichen Abteilungen für eineinhalb Stunden aus dringenden Arbeiten herauszureißen. Das waren zusammengerechnet eineinhalb Arbeitstage. Aber für solche Gedanken war es jetzt zu spät.

Katharina stand vor ihrem Team und den wichtigsten Projektbeteiligten aus den anderen Abteilungen. Sie eröffnete ihre erste »Retro«, wie Retrospektiven laut Florian umgangssprachlich hießen. Sie blickte in skeptische, aber teils auch hoffnungsvolle Gesichter. »Ihr alle wisst, in welcher brisanten Lage sich unser Messeprojekt befindet«, begann Katharina, »Um die Messe trotzdem erfolgreich über die Bühne zu bringen, können wir nicht einfach weitermachen wie bisher. Um die immer neuen Probleme schnell genug gemeinsam zu lösen, müssen wir unsere Zusammenarbeit überdenken. Das ist das Ziel der heutigen Retro. Ich möchte mit euch darüber nachdenken, wie die letzten Wochen des Projektes liefen und wie wir die Zusammenarbeit verbessern können.« An dem Gemurmel, das jetzt einsetzte, konnte Katharina ablesen, dass einige Beteiligte jetzt die übliche Motivationsrede erwarteten. Doch diese Hinterbänkler sollten direkt enttäuscht werden, als Katharina fortfuhr:»Doch leider kann ich euch nicht sagen, wie das gehen soll. Natürlich kenne ich – wie jeder von uns – das eine oder andere Problem, aber um wirklich ein Bild der Lage zu bekommen und etwas zu verändern, bitte ich euch alle um eure Unterstützung. Ich habe euch heute zu dieser Retrospektive eingeladen, um ganz offen und ehrlich darüber zu sprechen, was bei uns nicht gut läuft und was wir tun müssen, damit es besser wird. Dabei geht es nicht darum, Schuldige und einen Sündenbock zu suchen, noch will ich, dass wir die Zeit mit Jammern und Lamentieren wie in der Kaffeeküche verbringen. Dafür ist unsere Zeit zu wertvoll. Ich wünsche mir, dass wir alle ehrlich die Missstände auf den Tisch bringen und gemeinsam Lösungen suchen. Egal wer vorher was wie falsch gemacht hat.«

Stille. Katharina war unsicher. Hatte sie sich zu weit aus dem Fenster gelehnt und ist sie gerade dabei, sich zu blamieren?

»Und wie soll das gehen? Das ist doch eigentlich dein Job«, kam der unerwartet aggressive Zwischenruf von Arndt.

»Ganz einfach: Wir zünden eine Räucherkerze an, halten uns alle an den Händen und singen *Kum ba yah*. Der Herr wird's schon richten.« Gelächter ertönte – Humor war doch noch immer eine gute Auflockerung. »Aber im Ernst: Du stellst ja die richtige Frage. Wie soll das gehen? Das würde ich gerne mit euch gemeinsam diskutieren, weil ich überzeugt bin, dass wir zusammen eine bessere Antwort finden.« Katharina hatte das dringende Bedürfnis, Zuversicht, die ihr selbst fehlte, zu vermitteln:»Ich bin überzeugt, dass Retros ein gutes Format dafür sind. Retros werden seit Jahren in allen möglichen Bereichen gemacht, von der Software-Entwicklung bis zum Fußball – da heißt es dann eben Videoanalyse. Für Retros gibt es einfache und klare Regeln und Vorgehensweisen, die ich euch gerne kurz erläutern will.«

Katharina freute sich, dass ihr eine schlagfertige und doch wohlwollende Reaktion auf Arndts Einwand eingefallen war. Sie hatte ihr Selbstbewusstsein wiedergefunden und ging souverän am Flipchart die vorbereitete Agenda der Retro durch. Florian hatte sie nach dem Feierabendbierchen gut instruiert. Sie begann, die »oberste Direktive«, so hieß eine der Retro-Regeln, vorzustellen. Hierzu hatte sie ein Poster vorbereitet, das für alle sichtbar an der Wand hing. Die Vorbereitung schien sich wirklich auszuzahlen, schon allein, weil sie sich dadurch sicherer fühlte und etwas zum Festhalten hatte. Auf dem Poster war zu lesen:

Oberste Direktive   **!**

»Wir gehen davon aus, dass alle Beteiligten zu jedem Zeitpunkt nach bestem Wissen, Gewissen und Kenntnisstand gehandelt haben.«

Als sich eine kurze Diskussion über die Regeln zu entfachen drohte, stellte Katharina nochmals klar, worum es ging: Nicht nach Schuldigen oder Fehlern suchen, sondern eine lösungsorientierte Diskussion führen, in der jeder eine wohlwollende Grundhaltung einnimmt und jeder zu Wort kommen kann, unabhängig von seiner hierarchischen Stufe. Jede Meinung sollte gehört werden, da in jeder Information ein Hinweis zur Lösung liegen könnte. Es ging eben nicht wie sonst um die Meinung der höchstbezahlten Person im Raum.

Katharina betonte auch, dass ein geschützter Raum besonders wichtig für eine Retro ist, ein Raum, in dem jeder alles sagen kann, ohne fürchten zu müssen, sich zu blamieren oder irgendwelche Nachteile zu erleiden. Diese Vertraulichkeit sollte die sogenannte »Vegas-Regel« sicherstellen:

Vegas-Regel   **!**

»What happens in Vegas, stays in Vegas.«

Das schien alle in eine versöhnliche Stimmung zu versetzen, und sie hatte den Eindruck, als würde sich selbst Arndt nun ehrlich auf ihr Retro-Experiment einlassen.

Nachdem die wichtigsten Regeln geklärt waren, ging Katharina zur Agenda über, auf der zu lesen stand:

!

> **Agenda**
> 1. Check-in & Blitzlicht
> 2. Daten sammeln: *Keep, Drop, Try*
> 3. Einsichten gewinnen
> 4. Maßnahmen vereinbaren
> 5. Check-out & ROTI

Der erste Agendapunkt, den Florian ihr empfohlen hatte, nannte sich »Blitzlicht«. Jeder sagte kurz, wie es ihm ging und mit welchen Erwartungen er zum Meeting gekommen war. Dabei ging es nicht so sehr um eine Erhebung der generellen Stimmung als vielmehr darum, jeden schon einmal zu Wort kommen zu lassen – und so das Eis zu brechen. Außerdem merkte Katharina, wie hilfreich es doch war zu wissen, wo wer gerade stimmungsmäßig stand.

Auch die spitzen Bemerkungen von Arndt waren auf einmal viel verständlicher. Arndt erläuterte kurz, dass er den Quartalsbericht morgen fertig haben musste. Er wollte den Rest eigentlich gestern Abend fertiggemacht haben, aber seine kranke Frau konnte sich nicht um die einjährige Tochter kümmern. Er hatte kaum ein Auge zugemacht und sein Chef stand ihm im Nacken.

Wie der Name »Blitzlicht« schon vermuten ließ, war diese Runde schnell vorbei und alle waren zurecht gespannt, was als Nächstes passieren würde, denn jetzt kam der zweite Agendapunkt der Retro: das Sammeln der Daten.

Alle wurden aufgefordert, die Projektarbeit der letzten Wochen Revue passieren zu lassen, um dann all ihre Gedanken zu Missständen, aber auch Verbesserungsideen und Lob zusammenzutragen. Dazu sollte jeder Stichwörter auf einfache Haftnotizzettel schreiben und diese an die Wand kleben.

»Damit nicht nur Missstände und Probleme an die Wand kommen, nutzen wir ein Retro-Format, das sich *Keep, Drop, Try* nennt«, erläuterte Katharina. »Dafür habe ich drei Felder an der Wand vorbereitet. Unter *Keep* sammeln wir alles, was gut läuft und was wir auf jeden Fall beibehalten wollen. *Drop* steht für Dinge, mit denen wir aufhören sollten, die also nicht gut liefen. Und *Try* schließlich bildet den Rahmen für Maßnahmen, die man in Zukunft ausprobieren könnte. Hier geht es uns zunächst um Quantität. Ihr könnt auch gerne alle Punkte sammeln, die noch nicht zu Ende gedacht sind oder an denen ihr selbst vielleicht noch zweifelt.«

Während die Beteiligten ihre Karten beschrieben, motivierte Katharina alle, sich nicht selbst zu zensieren und möglichst viele Gedanken zu sammeln: »Jede Meinung ist wichtig, jede Idee zählt. Wenn ihr unsicher seid, ob ein Punkt relevant ist oder nicht, schreibt es trotzdem auf. Es macht auch nichts, wenn euer Nachbar schon das Gleiche hat. Denkt nicht, es wird schon ein anderer aufschreiben. Jeder soll hier zu Wort kommen. Es geht auch um Quantität – schließlich ist es auch wichtig zu wissen, ob ein Thema mehrmals auftaucht. Bewerten werden wir später.«

Die drei Rubriken an der Wand füllten sich nun nacheinander mit Zetteln. Katharina merkte schnell, dass das »*Keep, Drop, Try*«-Format mit dem *Keep* einen sehr positiven Einstieg in das Thema bot, da die Teammitglieder erst einmal anfingen, über das nachzudenken, was schon gut lief. Was ihr auch sehr entsprach, war, dass dieses Vorgehen auf Aktionen abzielte und nicht nur Gelegenheit gab, sich über Missstände zu beschweren. Es brachte die Beteiligten immer wieder dazu, darüber nachzudenken, was konkret getan werden konnte.

An der Wand fand sich nun alles, vom kleinsten, fachlichen Detailproblem wie alte Logos auf den Werbegeschenken bis hin zur Nennung von organisationsweiten, kulturellen Eigenarten wie »Wir erfinden immer alles neu«. Zu Katharinas Überraschung waren die Felder jedoch gar nicht nur mit negativen Bemerkungen gefüllt. Obwohl es ihr in ihrer täglichen Arbeit manchmal so schien, als sei alles nur schlimm und alle würden sich immer beschweren, gab es in der Rubrik *Keep* doch auch so einiges Gutes zu lesen: »Katharinas positive, motivierende Art« stand da zum Beispiel, was sie ehrlich freute. Aber auch Dinge, die sie eigentlich für selbstverständlich hielt, kamen dort vor wie »Wir beginnen Meetings immer pünktlich«.

Um diese positive Energie zu nutzen, begann sie mit dem Team gemeinsam, alle Einträge in der Rubrik *Keep* durchzugehen. Das Nicken und die zustimmenden Bemerkungen zeigten, dass es allen Teilnehmern ging wie Katharina. Alle waren positiv überrascht, wie viel Gutes sie in den letzten Monaten geleistet hatten. Diese positiven Dinge einmal geballt zu sehen und miteinander zu würdigen, schien das Team ein Stück näher zusammenzubringen. Katharina bemerkte, wie die anfängliche Zurückhaltung im Team umgeschlagen war in eine neue Aufbruchsstimmung.

Auch die vielen Vorschläge unter *Try* sprachen für die positive Grundstimmung des Teams. Viele hatten anscheinend negative Punkte schon direkt in konstruktive Ideen umgemünzt. Da gab es unrealistische Maßnahmen wie »Freistellung von operativen Linienaufgaben während des Projektes«, aber auch spannend klingende Ideen wie »Einrichtung eines gemeinsamen Projektraumes«. Doch bevor sie hier einzelne Vorschläge verabschieden konnten, mussten sie sich ein Bild von allen Gedanken machen, damit sie diese einordnen konnten.

Als Katharina im nächsten Feld *Drop* all die sogenannten »Herausforderungen« sah, war ihre erste Reaktion: »Oh Gott! Das ist ja viel mehr als ich dachte.« Katharina glaubte bisher, die eigentlichen Probleme gut zu kennen, aber hier taten sich ganz neue Dimensionen auf. Sie spürte fast körperlich wie ihr Mut nachließ. Florian hatte das schon vorausgesehen und eindringlich davor gewarnt, sich von der großen Zahl oder der Schwere der Probleme herunterziehen zu lassen. »Lieber eine offene Box der Pandora als ein Magengeschwür«, hatte er ihr geraten.

Außerdem steckten hinter allen *Drop*-Botschaften Verbesserungspotenziale, das heißt, man konnte etwas tun und danach war es besser. Wie hatte Florian gesagt: »Oben anfangen und dann einen Schritt nach dem anderen.« Doch wo war oben? Das brachte sie zurück zu ihrer Agenda und ihrer Moderationsrolle. Während noch alle die Pinnwände studierten und sie auch auf eine eigenwillige Art bewunderten, drängte Katharina zum nächsten Tagesordnungspunkt.

»So, aus diesen vielen Mosaiksteinchen unter *Keep*, *Drop* und *Try* wollen wir jetzt ein Bild machen. Die Frage ist jetzt, wie all diese Teile zusammengehören. Wie beeinflussen sie sich gegenseitig? Welche sind vielleicht Teil eines noch größeren Themas? Ziel ist es jetzt, die Punkte besser zu verstehen und Einsichten über die Ursachen zu gewinnen, um dann im nächsten Schritt zu überlegen, welche Maßnahmen zur Verbesserung wir ableiten können.«

Die Leute schienen sich gut in die Retro eingefunden zu haben, denn schon entbrannten an mehreren Zetteln Diskussionen, und Katharina merkte sehr schnell, dass sie eingreifen und die Diskussionen steuern musste. Das war auch verständlich, denn jetzt waren sie am Herzstück der Retrospektive. Und da hatte natürlich jeder seine eigene Sicht. Katharina hatte alle Mühe, die Leute an eine wohlwollende und konstruktive Grundhaltung zu erinnern, aber ihre gewinnende und humorvolle Art erleichterte es allen immer wieder, sich auf den Aspekt des Verbesserns zu konzentrieren.

Damit nicht alle in unterschiedliche Richtungen durcheinander diskutierten, forderte sie die Teilnehmer auf, mit ihr gemeinsam die Haftzettel an der Wand zu sortieren und zu clustern. Gemeinsam fassten sie doppelte Punkte zusammen und gruppierten Ähnliches unter Oberbegriffen. Während des Versuchs, die einzelnen Zettel zusammenzuhängen, bestand natürlich immer die Gefahr, die Probleme selber schon zu diskutieren, aber Katharina achtete immer genau darauf, dass sie sich nicht in Einzeldiskussionen verliefen, sondern jeweils nur so weit gingen, wie es für die Einsortierung und die Ursachenforschung notwendig war.

Dabei stellte sich heraus, dass viele der Probleme gemeinsame Ursachen hatten – wenn auch teils indirekt. So hatte beispielsweise der Kragel-Chef Michael Hartwig der Messe gegenüber Änderungen am Stand zugesagt, ohne zu berücksichtigen, dass der Messebauer längst gebrieft war. An anderer Stelle hatte die IT eine Umgestaltung des Messestandes gefordert, um sicherzustellen, dass die neuen Monitore ausreichend Platz haben, ohne sich bewusst zu sein, dass sich dadurch die Kosten erhöhen. Dabei war die Budgetfreigabe noch nicht einmal erfolgt. Es gab nicht einmal einen eindeutig festgelegten Budgetrahmen. So war dem Messe-Team häufig nicht klar, ob Änderungswünsche berücksichtigt werden durften, die nicht im Budget vorgesehen waren.

Immer wieder fielen ähnliche Stichwörter: Unbekannte Deadlines, Abhängigkeiten waren nicht klar, Anforderungen hatten sich geändert, Informationen wurden aber nicht weitergegeben. Immer wieder lief es auf eine mangelnde Abstimmung zwischen den Projektbeteiligten hinaus. Das Hauptproblem war offensichtlich die fehlende Kommunikation untereinander. Zwar sprachen alle regelmäßig miteinander, doch das Umfeld änderte sich viel schneller, als sie die Projektberichte aktualisieren konnten und dann schließlich die Rückmeldungen im Projektteam ankamen. Und wenn sie dann miteinander sprachen, wurden die grundlegenden Themen häufig nicht angesprochen, sondern es ging mehr um Statusberichte und darum, dass der Ist-Zustand dem Projektplan hinterherhinkt.

Der Übergang zum vierten Agendapunkt der Retro ergab sich fließend. Allen war klar, dass es jetzt darum gehen musste, die nächsten Schritte festzulegen. Die Diskussion über die Ursachen und Zusammenhänge halfen ihnen dabei, die Vorschläge aus der *Try*-Spalte zu priorisieren und durch neue Vorschläge zu ergänzen, die direkt die Kommunikation untereinander betrafen.

»Wir könnten unsere zweiwöchentlichen Statusberichte in einem wöchentlichen Zyklus erstellen«, schlug Herr Ratzel vor. »Nein, das ist keine Lösung. Das kostet nur noch mehr Zeit und wir kommen nicht zur eigentlichen Arbeit.« Sofort stimmten alle Hendrik zu, obwohl er als Praktikant gerade dem Marketingleiter widersprochen hatte, was sonst bei Krageltec nicht üblich war. Auch Frau Schindler stärkte Hendrik den Rücken: »Wir brauchen echten Austausch untereinander. Wir müssen die Themen diskutieren und gemeinsam Lösungen gestalten. Hier geht es nicht um Informationsweitergabe.« Herrn Ratzel fiel es sichtlich schwer, sich in dieser für ihn respektlos wirkenden Atmosphäre zurechtzufinden. Aber er nahm sich zurück, da der produktive Eifer, mit dem plötzlich an Verbesserungen von Prozessen gearbeitet wurde, ihn doch sehr beeindruckte.

Am Ende hatten sie eine beachtliche Liste von Maßnahmen zusammengetragen. Der Austausch untereinander sollte sogar nicht nur wöchentlich, sondern täglich stattfinden. Nach einem flammenden Plädoyer von Frau Schindler aus der IT erklärten sich alle bereit, sogenannte »Daily Stand-ups« auszuprobieren. Das sollten tägliche kurze Treffen von einer Viertelstunde sein, in denen alle sich über die wichtigsten aktuellen Entwicklungen austauschen, um so bessere Entscheidungen treffen zu können, in die dann auch die neuesten Informationen aller Projektteilnehmer eingeflossen sind.

Die letzten Agendapunkte hießen »Check-out« und »ROTI«. Beim Check-out schilderte jeder kurz seinen Eindruck von der Retro und was er davon mitnimmt. Es zeigte sich schnell, dass alle die Retro als sehr hilfreich – ja geradezu als einen Durchbruch – erlebt hatten. Auch die teils sehr heftigen Diskussionen hatte niemand übelgenommen. Selbst Marketingleiter Ratzel schilderte offen, dass ihn der Spirit beeindruckte, der auf einmal von diesem Team ausging, ebenso wie die anpackende Art, in der hier Probleme gelöst wurden.

»ROTI steht für Return on time invested«, erklärte Katharina. »Damit könnt ihr mir ganz einfach eine Rückmeldung geben, ob sich die Zeit, die ihr in dieses Meeting investiert habt, für euch ganz persönlich gelohnt hat. An der Tür hängt eine Skala von *gar nicht* über *geht so* bis zu *sehr lohnenswert*. Darauf kann jeder einen Klebepunkt auf das Papier kleben je nach Einschätzung.«

In der Vorbereitungsphase hatte sie große Bedenken zu diesen letzten zwei Agendapunkten. Vor ihrem inneren Auge sah sie die kritischen und missgünstigen Teilnehmer der verschiedenen Abteilungen, die kein gutes Haar an dieser neumodischen Retro lassen wollten. Zum Glück hatte sich Katharina bei diesem Gedanken gleich selbst korrigiert: Selbst wenn alle das Meeting als schlecht beurteilt hätten, wäre es wichtig gewesen, das zu erfahren. Auch sie selbst durfte nicht in das alte Muster zurückfallen und Unerwünschtes ausblenden! Jede Meinung war wertvoll und richtig. Und am Ende ihrer ersten gemeinsamen Retro waren all diese Bedenken wie weggewischt. Die Beurteilungen fielen alle sehr positiv aus.

Als Katharina nach der Retro im leeren Meetingraum stand und Fotos der Flipcharts und Wände voller Haftnotizzettel machte, war sie erschöpft. Aber es war eine neue Art der Erschöpfung. Sie hatte alles gegeben und viel zurückbekommen. Sie war erschöpft und gleichzeitig erfüllt. Sie fühlte sich leer, aber auch voller Energie für die nächsten Tage. Wahrscheinlich war es das Gemeinschaftsgefühl, das ihr so lange gefehlt hatte. Endlich hatte sie das Gefühl, dass alle als Team zusammenarbeiten.

Retrospektiven im Alltag
Auf dem Heimweg und zu Hause sah Katharina auf einmal überall Retros. Als sie mit ihrer Familie telefonierte und über den vergangenen Tag sprach. Als ihre Freundin von ihrer misslichen Situation in ihrem Job erzählte. Überall gab es Anlass für Retrospektiven. Und immer wieder ertappte sich Katharina

im Gespräch bei einem gedanklichen »*Keep, Drop, Try*«. Und selbst, als sie abends im Bett lag und vor dem Einschlafen den Tag Revue passieren ließ, fragte sie sich: »Was lief heute gut? Was will ich so weitermachen? Was könnte ich Neues probieren?«

Am nächsten Morgen sprachen sie mehrere Kollegen auf die Retro an. Anscheinend hatte sich das Meeting schon herumgesprochen. Auch das war eine positive Abwechslung. Normalerweise schienen sich bei Krageltec eher die negativen Gerüchte schnell zu verbreiten. Aber Katharina konnte es nicht erwarten, endlich Florian von der Retro zu berichten. Schließlich verdankte sie all das seinem Gedankenanstoß. Vielleicht musste sie ja doch nicht den Job wechseln und Florian hatte recht mit seiner Meinung, dass Veränderungen auch bei Krageltec möglich waren.

Als Katharina zum Besprechungsraum schlenderte, traf sie auch schon auf Florian, der gerade mit Werner Hagenhoff zusammenstand. Und so erzählte sie beiden von ihrem erfüllenden Retro-Erlebnis am Vortag. Fast wirkte Florian überrascht, wie gut die erste Retro lief: »Da kannst du dir wirklich auf die Schulter klopfen, Katha. Denn bei uns lief die erste Retro nicht so rund. Wir hatten einige Anlaufschwierigkeiten. Dabei hatten wir sogar externe Berater, die uns dabei unterstützt haben. Dass das bei euch so gut läuft, hätte ich nicht zu träumen gewagt.«

Auch Werner leuchtete das Prinzip sofort ein. Er wurde sogar philosophisch, als er erzählte, dass Retros ja eigentlich auch seiner Lebensmaxime entsprechen: »Mehr von dem, was gut ist. Weniger von dem, was nicht funktioniert. Das ist wie die evolutionäre Entwicklung der Natur. Was nicht funktioniert, stirbt aus, aber alles, was einen positiven Beitrag leistet, wird beibehalten und weiterentwickelt. Und im Endeffekt ist ja jede dieser Veränderungen nichts anderes als ein Experiment, nicht wahr? Alles entwickelt sich kontinuierlich über viele kleine Schritte weiter, und über einen längeren Zeitraum entstehen doch fundamentale Veränderungen.« Wenn selbst Werner auf den Retro-Zug aufsprang, konnte eigentlich nichts mehr schiefgehen, dachte Katharina.

In den nächsten Tagen konnte Katharina viele kleine Veränderungen und die Auswirkungen der neuen Maßnahmen beobachten. Die ersten Daily-Stand-ups fanden statt, in denen reihum jeder kurz mitteilte, woran er gerade arbeitete, was er sich für heute vorgenommen hat, ob es Probleme gab und was ihn möglicherweise von der Arbeit abhielt. Es war faszinierend zu sehen, wie schnell manche Schwierigkeiten aus dem Weg geräumt werden konnten, weil alle Beteiligten zusammenstanden und alle Aspekte sofort beleuchtet werden konnten. Wo es vorher tagelange E-Mail-Schlachten gegeben hatte, wurden jetzt Entscheidungen im Minutentakt gefällt.

Natürlich funktionierte nicht alles. Manche Maßnahmen kamen nicht in die Gänge. Andere wurden begonnen, aber nicht zu Ende geführt. Und es gab zahlreiche Probleme, die sie überhaupt noch nicht diskutiert hatten. Aber es war ein Start. Und für alles Weitere gab es die zweite Retro und die dritte und vierte. Diese Gewissheit gab Katharina ihre Hoffnung und vor allem ihr Vertrauen zurück. Und sie fand immer häufiger Zeit für Florian – nicht nur zum Mittagessen.

5.2 Reflexion: Unsere Erfahrungen mit der Retrospektive

Das war wieder ein ganz anderer workhack. Zunächst klingt es ziemlich banal, dass sich das Team regelmäßig zur Zusammenarbeit austauscht.

Das mag tatsächlich zunächst banal erscheinen. Nur als Beispiel: Es gibt schon seit Langem auch im klassischen Projektgeschäft die Idee, nach Abschluss des Projektes eine rückblickende Bewertung durchzuführen, eine Evaluation. Die Projektdokumentation erfolgt zu einem guten Teil auch aus diesem Grund. Doch dann passiert fast immer das, was das Lernpotenzial für das nächste Projekt zunichtemacht, nämlich der Zeitkiller »Nach dem Projekt ist vor dem Projekt«. Wenn das Lernen nicht ritualisiert wird, macht es keiner. Der zweite Killer ist die Angst vor der großen Gesamtbewertung. Wenn man kritische Rückblicke aber immer wieder durchführt, mitten im Projekt, regelmäßig und im Kleinen, sinkt die Hemmschwelle und man wird schneller mit dem Lernen. Und mit dem Nachsteuern.

Dieser *workhack* hat also enormes Potenzial, die Zusammenarbeit zu verbessern. Uns ist kein Instrument begegnet, das effektiver oder wirksamer wäre. Wenn wir, aus welchen Gründen auch immer, nur eine Sache in einem Team ändern oder einführen könnten, dann würden wir immer dieses Format wählen, das wir im Übrigen auch nicht selbst erfunden, sondern in dem Software-Entwicklungs-Framework SCRUM gefunden haben. Ein SCRUM-Team macht regelmäßig »Retrospektiven«, um die Zusammenarbeit zu verbessern.

Jetzt hört man ja, dass die Einführung von SCRUM nicht immer so ganz glatt läuft, wie das in der Kurzgeschichte dargestellt wurde ...

Ja, da gibt es – wie bei allen Kulturveränderungen – natürlich immer Widerstände und Stolpersteine. Insbesondere wenn ein ganz neues Gesamtsystem wie SCRUM eingeführt werden soll und sich plötzlich für die Mitarbeiter alles auf den Kopf stellt. Deshalb führen wir bewusst nicht einen vordefinierten Framework ein, sondern konzentrieren uns mit den *workhacks* gezielt auf einzelne Methodenbausteine, die im Arbeitsalltag weniger disruptiv sind und so eine schrittweise Transformation und fast nahtlose Umgewöhnung ermöglichen.

Aber auch hier trifft man natürlich auch auf Hindernisse. Da gibt es beispielsweise die klassischen Nörgler, denen das alles zu sehr menschelt und zu emotional ist. Besonders in technisch orientierten Organisationen findet man häufig Mitarbeiter, die lieber nach inhaltlichen Lösungen suchen, als die Zusammenarbeit zu thematisieren und damit auch die eigenen Schwächen zur Diskussion zu stellen. Da hört man oft das Argument, dass man lediglich professionellere Prozesse braucht, es sowieso Dringenderes zu tun gibt und man zu beschäftigt sei. Normalerweise kann man aber auch den Skeptikern verständlich machen, dass gute Kommunikation wichtig ist und sich ohne diese wichtigen Soft Skills auch das dringende Alltagsgeschäft nicht effizient erledigen lässt. Außerdem überzeugt die Retrospektive dadurch, dass sie sehr maßnahmenorientiert ist. Und auf dieser Ergebnisebene überzeugt man dann meist auch Skeptiker wie in unserer Kurzgeschichte Herrn Ratzel.

Und dann gibt es natürlich die Altgedienten, die Veränderungen prinzipiell fürchten ...

Ja, sie bangen zurecht um ihre etablierte und bequeme Position. Sie haben viel zu verlieren, denn Selbstorganisation und kontinuierliche Verbesserung sind anspruchsvoll und anstrengend. Die Bedenken dieser Mitarbeiter muss man sehr ernst nehmen und auch ihnen eine vertrauensvolle Umgebung schaffen. Andererseits liegt in einer solchen Geisteshaltung eben oft auch die Ursache mangelnder Kommunikation oder Zusammenarbeit. Und ohne diese unbequemen Veränderungen für Einzelne wird sich auch die Teamkultur nicht ändern. Das ist bei der Retrospektive genauso wie bei anderen Veränderungsmaßnahmen. Wobei die Retro hier den Vorteil bietet, die problematischen Konsequenzen solcher Einstellungen direkt deutlich zu machen und somit eine hohe Wirksamkeit zeigt.

Was macht den workhack »Retrospektive« denn so wirksam?

Die Macht der Retrospektive liegt darin, dass sie an der Teamkultur ansetzt. Sie rückt nicht die Produkte oder Produktionsprozesse in den Mittelpunkt, sondern ausschließlich die Zusammenarbeit selbst. Dafür gibt es sonst keinen Raum – abgesehen von der Kaffeeküche. Dort wird die Kritik aber unter vorgehaltener Hand geäußert. Die meisten Menschen fühlen sich anfangs unwohl, wenn sie die Zusammenarbeit thematisieren und auch öffentlich

Kritik üben sollen. Sie ziehen sich schnell auf die »inhaltliche« Ebene zurück. Kunden, Geschäftsprozesse oder Produkte lassen sich eben einfacher bewerten und kritisieren – da menschelt es nicht so. Das Kraftvolle an der Retro ist der Fokus, der ausschließlich auf der Zusammenarbeit liegt. Wenn ein Team die Kommunikation und Zusammenarbeit verbessert, wird auch das Arbeitsergebnis besser.

In allen sozialen Gruppen entwickeln sich unausgesprochene Regeln, die bestimmen, was sozial erwünscht ist und was nicht. Diese Regeln werden von der Gruppe respektiert und neue Kollegen oder Gruppenmitglieder eignen sich diese Regeln mehr oder weniger bewusst an. Aber leider schleichen sich oft negative und manchmal sogar zerstörerische Muster ein:

- Häufig wird mehr übereinander als miteinander geredet.
- Es gibt Cliquenbildung und Ausgrenzung.
- Kritik wird nicht offen geäußert und dadurch werden Vorurteile gepflegt.
- Von der Norm abweichendes Aussehen oder Verhalten wird abgewertet.

Diese Dynamiken sind Gift für eine gute Teamkultur. Und leider können selbst neue Teammitglieder diese Muster meist nicht durchbrechen, da wir als Menschen dazugehören wollen und uns deshalb anpassen. Besonders kontraproduktiv ist dies in Bezug auf Innovationen, da sie von Unterschieden und konstruktiven Konflikten leben.

Aber auch wenn es nicht um die Einführung von Innovationen geht: Teams arbeiten viel effektiver und sind belastbarer, wenn die Teammitglieder offen und ehrlich miteinander umgehen und Konflikte angemessen besprechen und lösen können.

Obwohl den Menschen eine gute Zusammenarbeit mit den Kollegen und Vorgesetzten so wichtig ist, wird diese selten thematisiert. Zwar jammert man gerne in der Kaffeeküche über die Missstände, aber dabei bleibt das eigentliche Problem unangetastet. Alles bleibt beim Alten, die Mitarbeiter machen sich über das Lamentieren lediglich Luft, um sich kurzzeitig emotional zu entlasten. Dadurch verfestigen sich die Muster sogar noch zusätzlich.

Und genau da setzt die Retrospektive an: Sie macht negative Muster sichtbar und damit diskutierbar. Die Retrospektive ist dabei der minimale Eingriff in die Routine eines Teams, die den größtmöglichen Nutzen verspricht.

Die Retrospektive entfaltet ihre Wirkung insbesondere durch ihre Regelmäßigkeit, weil in einer gut moderierten Retro die Teilnehmer mit der Zeit immer ehrlicher werden und immer mehr Vertrauen darin fassen, dass ihre Ehrlichkeit nicht gegen sie verwendet wird. Damit wird es immer schwieriger, hinter dem Rücken zu lästern oder Teammitglieder auszugrenzen – es gerät ans Licht und lässt sich besprechen. Das ist für Teams mit sehr lange eingeübten, unausgesprochenen Mustern eine Herausforderung, die keinesfalls auf die leichte Schulter zu nehmen ist. Dafür bedarf es einer Moderation mit viel Fingerspitzengefühl und etwas Hartnäckigkeit.

Ist das nicht eigentlich eine Aufgabe der Führungskraft? Also neue Impulse in die Abteilungen zu geben und dafür Sorge zu tragen, dass Veränderung stattfindet?

Ja, das wird häufig den Führungskräften überlassen. Die Unternehmen stehen seit Jahren vor der Herausforderung eines Kulturwandels und machen für das Gelingen dieses Prozesses größtenteils die Führungskräfte verantwortlich. Die nachvollziehbare Hypothese ist, dass sich eine Organisation dann ändert, wenn sich die Führungskräfte ändern – sie sind schließlich die Multiplikatoren. Die Anforderungen an eine Führungskraft sind unmenschlich: Sie sollen fachlich brillant sein, moderieren können, empathisch sein, visionär, begeisternd, sie sollen Unsicherheiten aushalten und dabei die Quartalsziele erreichen.

Daneben sehen wir eine wachsende Zahl von Teams, die sich stärker selbst organisieren und führen. Es werden neue Mechanismen entwickelt und optimiert, die für alternative Entscheidungsfindungen, Leistungsbewertungen und Konfliktlösungen sorgen. Wir glauben, dass dieser Trend fortbestehen und noch viele weitere Veränderungen mit sich bringen wird.

Mit *workhacks* nehmen wir diesen Trend auf und bieten eine Möglichkeit, wie sich die Selbstorganisation der Teams verbessern lässt. Durch die Retrospektive werden die Teammitglieder mit der Zeit reflektierter und entwickeln ein realistischeres Bild von ihren Fähigkeiten. Das macht sie unabhängiger vom Feedback einer Person. Ein *workhack* allein ist natürlich nur der erste Schritt – aber das Zusammenspiel von mehreren kann und soll die Selbstwirksamkeit von Teams erhöhen.

Überfordert man damit die ohnehin schon verunsicherten Führungskräfte nicht noch zusätzlich?

Ja, besonders in der Anfangsphase kann dies durchaus passieren. Und bei ungeübten Führungskräften ist in dieser Phase eine Unterstützung durch einen externen Moderator sinnvoll, insbesondere, weil die Moderation ausgesprochen wichtig ist für die Wirksamkeit von Retrospektiven. Denn es gibt auch hohle Retrospektiven, bei denen nur das Programm abgespult wird und die wahren Probleme nicht auf den Tisch kommen. Wie gesagt kann es für Teams, die seit Jahren eingespielt sind, sehr ungewohnt und befremdlich sein, plötzlich Zufriedenheiten, Unzufriedenheiten und Verbesserungsideen – auch im Miteinander – zu äußern. Das geht bis hin zu dem kulturellen Tabu, Probleme direkt anzusprechen. Allein das Wort »Problem« wird ja häufig tabuisiert. Das ist eine große Herausforderung für die Moderation, die bei regulären Meetings vor allem darauf achten muss, dass die Zeit eingehalten wird und alle Agendapunkte abgearbeitet werden. Bei der Retro sind dagegen ganz andere Qualitäten gefragt: Offenheit herstellen, einen geschützten Raum bieten und die Teilnehmer ermuntern, Kritik und Lob angemessen aber direkt zu äußern – und auch mal an die Stellen zu gehen, wo es weh tut. Dabei ist die Qualität der Fragen entscheidend: Sie sollen einladen zum Erkunden und Reflektieren. All das sind wichtige Kompetenzen für eine zeitgemäße Führung, die sich sehr gut und plastisch anhand von Retros mit externer Beratung erlernen lassen.

Retrospektive

Kurzbeschreibung

Die Retrospektive oder kurz *Retro* ist ein Meeting-Format aus dem Softwareentwicklungs-Framework »SCRUM«. Man muss SCRUM weder kennen noch anwenden, um die Retrospektive einzuführen. Als Retrospektive wird ein regelmäßig stattfindendes Meeting bezeichnet, dessen Ziel die Verbesserung der Zusammenarbeit eines Projektteams oder einer Abteilung ist: Im Zentrum dieser Methode stehen die drei Stichworte *Keep*, *Drop*, *Try*. Was läuft gut und wollen wir beibehalten? Was machen wir nicht gut gemeinsam, womit wollen wir aufhören? Und schließlich: Was wollen wir Neues ausprobieren? Die Retrospektive wird in regelmäßigen Zeitabständen durchgeführt – bei SCRUM meist alle zwei Wochen, damit auch Kleinigkeiten, die sich störend auf die Zusammenarbeit auswirken, angesprochen und verändert werden können.

Der *workhack* ist hilfreich bei ...

- der Einleitung von kontinuierlichen Veränderungsprozessen,
- Teams, die ihre soziale Interaktion reflektierter gestalten wollen,
- Projekten, in denen es darauf ankommt, dass die Beteiligten schnell in eine gute Zusammenarbeit finden,
- Teams, in denen es unter der Oberfläche immer ein bisschen brodelt, aber keiner die Probleme offen anspricht.

Was Sie beachten sollten

- Die Moderation ist sehr wichtig: Dieses Meeting braucht eine vertrauensvolle Atmosphäre und Offenheit und kein stures Abarbeiten der Agendapunkte.
- Sprechen Sie keine fachlichen Themen oder Probleme mit Kunden und anderen Abteilungen an: Es geht um die *Zusammenarbeit*, also um Prozesse, Strukturen, Rollen und Kultur.
- Legen Sie den Fokus auf Veränderbares.
- Variieren Sie die Agendapunkte, wenn die drei Punkte *Keep*, *Drop*, *Try* überstrapaziert wurden.
- Beschließen Sie konkrete und direkt vom Team umsetzbare Maßnahmen.

Hilfsmittel

- ein gut ausgebildeter Moderator
- ausreichend Klebezettel und Stifte
- ein Besprechungsraum, der nicht zu formal und offiziell wirkt

6 Workhack Y-Talk

von Markus Mathar und Lydia Schültken

6.1 Kurzgeschichte: Das Warum-Experiment

Ein missglückter Kaltstart

Der Geschäftsführer und Urenkel des Gründers, Michael Hartwig, Mitte 50 und seit zehn Jahren in seiner Position, machte sich Sorgen: Die Umsatzzahlen stagnierten. Er war immer wieder auf Messen, um sich mit Experten und Wettbewerbern auszutauschen, und hatte den Eindruck, dass Krageltec ein bisschen den Anschluss verliert.

Gestern rief ihn ein langjähriger Kunde an und beschwerte sich über den schlechten Service und die fehlende Kundenorientierung: »Michael, ich bin echt nicht besonders empfindlich, aber ihr seid schon lange nicht mehr die Einzigen, die so etwas wie 'nen Kragel herstellen können. Aber benehmen tut ihr euch schon noch so. Geradezu arrogant wurden meine Techniker abgekanzelt, als sie ein paar Verbesserungen vorschlugen. Mir wird intern immer häufiger geraten, die nächste Generation der Kragel bei Windhorst zu bestellen.« Ausgerechnet Windhorst. Aus Sicht von Michael Hartwig waren das maximal Kopierkönige, die keine eigenen Ideen hatten, geschweige denn innovativ dachten. Aber zugegebenermaßen waren seine Informationen über Windhorst bereits über sechs Jahre alt. Vielleicht hatten die ihnen in puncto Kundenservice etwas voraus? Wer weiß das schon?

Gedankenverloren saß er in seinem Auto auf dem Weg ins Büro und wollte seine Frau anrufen. Versehentlich drückte er die falsche Kurzwahltaste und landete stattdessen in der Zentrale Krageltecs. Spontan hatte er eine Idee: Er schlüpfte in die Rolle eines potenziellen Kunden, um am eigenen Leib den Service seiner Firma zu testen. Kürzlich erst hatte er eine neue Handynummer erhalten und die kannte in der Firma noch niemand. Michael nutzte die Anonymität und verstellte seine Stimme ein bisschen. Er behauptete, von einem Automobilhersteller anzurufen, mit dem Krageltec bisher nicht zusammenarbeitete. Er sei an einer Bestellung von 1.000 Krageln interessiert.

Der Empfang begrüßte ihn freundlich und stellte ihn ins Marketing durch. Eine junge Männerstimme meldete sich. Der junge Mann konnte leider nicht weiterhelfen und bat ihn um Geduld, er werde ihn in den Vertrieb durchstellen. Dort nahm niemand ab. Er wurde aus der Leitung geworfen. Nun begann Michael, etwas wütend zu werden, und rief ein zweites Mal an. Er schilderte noch einmal sein Anliegen und wurde erneut in das Marketing durchgestellt. Dort nahm ein anderer Kollege ab und leitete das Gespräch erneut in den Vertrieb. Dieses Mal landete er auf der Mailbox eines Mitarbeiters. Nun biss sich Michael Hartwig fest: Das kann doch wohl nicht wahr sein. Er könnte gerade wirklich ein Kunde sein, der 1.000 Kragel bestellen möchte – das ist das Umsatzvolumen eines ganzen Monats. Und von seinen 637 Mitarbeitern war keiner in der Lage, das Telefon abzunehmen? Musste er das in Zukunft auch noch selbst machen? Er beschloss, die Hotline für Kunden anzurufen. Die stand schließlich groß auf der Website.

Dort wurde er freundlich empfangen. »Was kann ich für Sie tun?« Wieder schilderte er sein Interesse an 1.000 Krageln. Freundlich und etwas routiniert nahm die ihm unbekannte Stimme seinen Auftrag entgegen. Als es zu spezifischen Anforderungen kam, erhielt er ausweichende Antworten und das Angebot, die Spezifikationen doch bitte per Fax zuzusenden – dafür gäbe es ein Formular im Internet. Michael Hartwig schüttelte den Kopf. *Das* ist seine Firma? *So* gehen wir mit Anfragen um? Was muss ich denn noch tun, um als Kunde einkaufen zu dürfen? Er bedankte sich etwas kurz angebunden und legt auf.

Michael hatte jetzt viel Stoff zum Nachdenken.

Er kam in der Firma an, ging in sein Büro und musste direkt ins Meeting für die Quartalszahlen. Danach ging es weiter: Mittagessen mit dem Abteilungsleiter Technik, dann Besprechung mit dem Personalrat und schließlich übergab er drei Blumensträuße an Mitarbeiter für ihre 20- und 30-jährigen Betriebsjubiläen.

Eine Entdeckung in der Garage
Michael fuhr nach Hause, aber das Telefonat spukte immer noch in seinem Kopf herum. Nachdenklich parkte er das Auto in der Garage, gab seiner Frau einen Kuss auf die Stirn. »Du, Schatz, wunderbar, dass du mal früher

nach Hause kommst!« Er ahnte Schlimmes. Langsam sickerte die Erinnerung durch: Seine Frau Claudia lag ihm seit Wochen in den Ohren, dass er die Garage aufräumen sollte. Kürzlich hatte sie einen neuen Wagen gekauft, der ein bisschen breiter war als der alte. Schade, denn nun passte das Auto nicht mehr neben all die Kartons, die dort herumstanden. Und da das neue Auto natürlich in der Garage parken sollte, musste etwas geschehen. »Wäre heute nicht ein wunderbarer Tag, um die Kartons in der Garage mal zu entsorgen?« Volltreffer, immerhin kannte er seine Frau gut genug, um vorherzusehen, mit welchen Aufgaben sie ihn gerne betraute.

Claudia und er hatten drei Kinder (15, 17 und 22 Jahre alt) und bereits einige Krisen überwunden. Jetzt waren sie in einer guten Phase.

Leider fiel ihm spontan keine gute Ausrede ein und so zog er sich um und begab sich in die Garage. Zwölf Kartons – uff. Viele der Kartons waren voller alter Unterlagen. Was macht man bloß damit? Er konnte sie nicht einfach wegschmeißen, dafür hingen zu viele Erinnerungen am Inhalt. Er seufzte und machte sich an die Arbeit. »Also los«, dachte er, »ran an den Speck. Wenn ich jeden Tag drei Kartons durcharbeite, bin ich in vier Tagen durch.« Dieses Rechenspiel motivierte ihn und er machte sich an den ersten Karton.

Ein in braunes Leder eingebundenes Buch lag ganz oben auf. Er betrachtete es und schlug es auf. Es sind die Aufzeichnungen seines Großvaters. Er kannte das Buch – hatte es seit Jahren aber nicht mehr in der Hand gehabt. Es war das Firmentagebuch seines Großvaters. Große Aufträge, Rückschläge, Umsätze, Gedanken zur Weiterentwicklung der Firma und Anekdoten hielt der Großvater in säuberlicher Schrift mindestens zwei Mal pro Woche fest. Darüber hinaus gab es Quartals- und Jahresrückblicke.

Er schlug eine Seite auf und begann zu lesen: Es begann mit einem Datum »4. Januar 1951« – also vermutlich ein Jahresrückblick:

4. Januar 1951
Das letzte Jahr war außergewöhnlich. Der Kragel besitzt nun endlich das selbstschließende Ventil, an dem Hermann Pfeiffer und Otto Brinkmann so lange gearbeitet haben. Sechs Monate haben die beiden Tüftler dafür gebraucht. Als Unternehmer muss ich etwas riskieren und jetzt habe ich alles auf diese Karte gesetzt.

Der neue Kragel muss sich in den nächsten zwei Jahren auszahlen. Viele Kollegen hielten die Entwicklung für Unsinn, immerhin laufen die derzeitigen Kragel so gut wie nie. Wir hätten diese Entwicklung also nicht unbedingt gebraucht. Ich selbst habe auch immer wieder daran gezweifelt, ob wir uns das leisten sollten, unsere besten Ingenieure auf so ein riskantes Unterfangen anzusetzen. Aber der Feuereifer der beiden war nicht zu bremsen. Und so hielt ich meine schützende Hand über die beiden. Von Vater habe ich gelernt, dass wir der Konkurrenz immer einen Schritt voraus sein müssen. »Das Problem unseres Kunden ist unser Problem« hat er immer gesagt. »Wenn wir aufhören, unsere Kragel besser zu machen, werden wir untergehen. Das ist so sicher wie das Amen in der Kirche.«

Mit Anton Mertens, meinem Vertriebsleiter, habe ich in den letzten zwei Monaten an die 20 Kunden besucht und mit ihnen darüber gesprochen, was sie brauchen. Deshalb weiß ich, dass das selbstschließende Ventil ein Renner werden wird. Das Risiko der Investition müssen wir also auf uns nehmen.

»Irgendwie bewundernswert, wie dieser alte Mann den Draht zu den wichtigen Entscheidungen und vor allem den Kunden nicht verloren hat«, dachte er. »Der war tatsächlich immer mit dem Herzen dabei. Und ich? Sitze nur noch über Tabellen und in sinnlosen Meetings und ärgere mich rum. Wo ist eigentlich *meine* Begeisterung geblieben? Vater hat mich vor zwölf Jahren ja nicht zur Übernahme gezwungen. Ich liebe den Laden doch auch!« Umso unerfreulicher war diese Sache mit dem Kundenservice. Gleich kam der ganze Groll wieder hoch. »Aber jetzt warte mal«, sprach er zu sich selbst. »Fang nicht wieder mit dem Negativen an. Was genau liebst du denn an der Krageltec?«

Wie nah der Großvater damals an der Kundschaft war. »Der Kunde weiß am besten, was er braucht«, stand da. *Der* Kunde ... »Irgendwie auch schön in dieser Klarheit«, dachte Michael. Heute würde man »hohe Kundenorientierung« sagen. Aber für Großvater war das nicht so ein angelerntes Konzept – ganz im Gegenteil: Man las deutlich heraus, dass ihm das eine Herzensangelegenheit war.

Nach einer Stunde kam Claudia in die Garage. »Und? Kommst du voran?« Erschrocken schaut er sie an: »Öhm ... Nun ja, ich wollte gerade ... Ob ich voran komme? Ich würde sagen, sehr gut sogar. Nicht unbedingt mit den Kisten. Aber mit der Krageltec ...«

»Aha. Du bist also mit deinen Gedanken woanders«, sagt sie schmunzelnd. »Wie kommt es nur, dass ich mir das irgendwie gedacht habe? Was hältst du davon, wenn wir in ca. einer Stunde zu Abend essen und du mir von deinem sogenannten Weiterkommen erzählst? Die Kinder sind sowieso alle unterwegs. Und bis dahin hast du sicher auch die eine oder andere Kiste bewegt.« Da war er wieder, der freche Witz, den er an ihr so mochte.

»Ich halte das für einen ausgezeichneten Vorschlag, meine Liebe.« Und während er nun tatsächlich mit dem Räumen weiterkam, reifte in ihm eine Idee.

»Wie soll denn das bitte gehen? Eine regelmäßige Besprechung, in der ihr *was* genau macht?«

Claudia begleitete die Vorhaben ihres Mannes nicht das erste Mal skeptisch.

»Wir fragen uns gegenseitig *Warum bist du hier?*. Mehr erstmal nicht. Mir geht es um – wie soll ich sagen? – um die Reaktivierung von etwas, das wir vor lauter Konkurrenzdruck, Hektik und Routinen verloren haben. In Großvaters Firmentagebuch ist ganz deutlich seine Begeisterung zu spüren. Wie er dem Kunden bestmöglich helfen kann: Das war ihm immer extrem wichtig. Dafür hat er gebrannt. Beim Lesen habe ich bemerkt, wie sehr die alltäglichen Sorgen und Nöte meine eigene Begeisterung für den Kragel und die ganze Firma überschatten. Ich bin viel zu selten mit den wesentlichen Themen beschäftigt und merke gerade, dass ich für diese Fragen mehr Raum schaffen muss.«

»Schön und gut«, unterbrach ihn Claudia. »Ich habe schon verstanden. Du willst die Motivation der Truppe erhöhen, indem du sie nach dem Sinn ihrer Firmenzugehörigkeit fragst. Aber wie willst du das anfangen, ohne sie gleich wieder einzukesseln? Die werden zumachen. Was will der von mir hören? Solche Sachen werden sie denken.«

»Nein nein! Ich will das erstmal nicht mit einem konkreten Ziel tun. Das ist kein Motivationstraining. Ich möchte mich selbst und alle anderen bei Krageltec wieder daran erinnern, warum wir das machen, was wir machen. Ich bin ja mit der Firma aufgewachsen und kenne sie seit Kindesbeinen. Aber ich habe nicht einfach nur weitergemacht, sondern hatte von Anfang an meine eigenen Ideen, die ich umsetzen wollte. Sowohl was den Kragel als auch was das Management der Firma angeht. Wir haben auch vieles verändert und umgesetzt, aber manche Themen sind auch über die Jahre einfach hinten runtergefallen. Eben in der Garage ist mir klargeworden, wie selten ich so grundsätzlich über die Firma nachdenke. Das vermisse ich! Ich möchte mich selbst wieder an meine Träume erinnern und ich möchte gern die Träume und Wünsche der Kollegen bei Krageltec hören. Nee, warte: nicht hören. Ich meine: Die sollen sich das selber mal wieder fragen. Verstehst du?«

»Absolut! Wir können hier eigentlich das Licht ausmachen: Du leuchtest nämlich so, seit du aus der Garage gekommen bist.« Sie schaute ihn mit warmem Blick an.

»Genau! Da brennt plötzlich wieder etwas. Und das fühlt sich gut an. Ich weiß auch noch nicht genau, wie ich das angehe. Lass mir noch etwas Zeit, diese Idee zu entwickeln.«

»Tue ich ja, tue ich ja! Aber vielleicht können wir hier wirklich mal die Lichter ausmachen. Ist gleich halb zwölf.«

Managementmeeting, ein erster Wurf
Das Managementteam traf sich immer montags alle zwei Wochen.

Anwesend waren heute Bernd Nolte (Personal), Erich Kappel (Vertrieb), Marek Sobotič (IT), Ursula Tiedmann (Legal), Dr. Martin Riedl (F&E, Werkstatt), Theresa Paschke (Finance) und Jürgen Ratzel vom Marketing, heute verstärkt mit Katharina Brinkmeier, Hauptverantwortliche für den Messestand dieses Jahr.

Auf der Agenda standen die Probleme mit dem Zulieferer für Keilriemen. Die Firma war vor drei Monaten übernommen worden und jetzt sollten neue Verträge her. Ursula hatte schon vorgearbeitet. Außerdem wollte Marek über die Umstellung auf den neuen E-Mail-Server sprechen.

Zur Einstimmung sollte Jürgen Ratzel von der Messe berichten. Als Backup hatte er sich Katharina dazugeholt, falls Rückfragen kamen.

Hartwig kam als Letzter, es ist fünf nach. Er entschuldigte sich: »Sorry, Leute. Herr Merzinger, wie wir ihn kennen und lieben: kommt nicht zum Punkt ... Lasst uns anfangen.«

Ratzel begann: »Erster Agendapunkt, ich fange mal mit etwas Schönem an zur Einstimmung: Unsere Teilnahme bei der Euroguss in Nürnberg vor drei Wochen. Das ist meine Kollegin Katharina Brinkmeier. Sie hat das Ganze im Detail durchgeplant und begleitet. Ich gebe euch mal einen Eindruck und wenn ihr Fragen habt: bitte an Frau Brinkmeier stellen. Also: Ich habe mal Bilder von unserem Stand mitgebracht, live und in Farbe. Die Broschüre kennt ihr ja. Ich muss sagen ... Einen Moment noch. Kann mal einer den Beamer aktivieren? ...«

Michael Hartwig, der gar nicht wirklich mit den Gedanken dabei ist, stand plötzlich auf.

»Warte mal gerade ... Entschuldigt. Jürgen, dürfte ich bitte noch einen Agendapunkt vorschieben? Dauert nicht lange. Danach machen wir gleich weiter. Ok?«

Alle schauten ihn etwas verdutzt an. Ratzel sprang ihm zur Seite: »Na klar. So ein schöner Messestand, der kann auch gerne noch einen Augenblick warten, das steigert allenfalls die Vorfreude.« Er grinste sein allseits beliebtes Grinsen in die Runde. »Und wenn dieser blöde Beamer ...«

Hartwig begann: »Ich will's gar nicht kompliziert machen. Ich habe eine Idee – wenn ich das mal so nennen darf. Also, ich habe am Wochenende in den Sachen meines Großvaters gekramt ... Nee wartet, die Vorgeschichte wird länger. Ich wollte es ja kurz machen. Also, kurz und klein: Ich wollte euch mal fragen, warum ihr das hier eigentlich macht?«

Die Köpfe der anderen gingen alle ein paar Zentimeter nach hinten, die Nacken wurden länger. Fragende Blicke.

Hartwig holte noch einmal aus: »Ich mein's ernst! Vielleicht klingt das jetzt komisch, aber die Frage ist tatsächlich genau so gemeint. Ich meine, mit euren Fähigkeiten könntet ihr ja alle auch etwas anderes machen.«

In die kurze Pause hinein erschien plötzlich das Bild an der Wand, der aktuelle Messestand. Die Blicke gingen für einen Moment alle dorthin.

»Ähm, ich mache das gerade nochmal aus, ja?«, sagte Ratzel etwas verlegen. Als das Bild wieder verschwand, wendeten sich alle erneut Hartwig zu, wartend, dass er fortfährt.

»Danke. Ja. Wo war ich stehengeblieben? ... Also, nochmal anders formuliert. Wenn ihr mal für einen Augenblick aus dem Hamsterrad heraustretet: Was seht ihr da? Was, außer Job, außer eben zu machen, was zu machen ist. Was ist da noch? Ich meine, also, da hat doch sicher jeder von euch eine ganz persönliche Perspektive, warum er das hier alles macht.«

Immer noch betretenes Schweigen. Sie schauten ihn an wie Schüler, die hofften, vom Lehrer diesmal bitte *nicht* drangenommen zu werden. Manche versuchten sich, durch starre Blicke auf leere Notizblöcke aus der Affäre zu ziehen. Ratzel spielte verlegen mit der Fernbedienung des Beamers. Michael Hartwig atmete laut ein und versuchte es nochmal.

»Ich will jetzt gar nicht so eine Wertediskussion anfangen. *Wofür steht die Krageltec eigentlich?* und so. Und eigentlich will ich eure Antworten auch nicht unbedingt hören. Ich will nur zum Nachdenken anregen. ... Weil ich selber ... weil mir selber plötzlich klar geworden ist ...«

Nach einer weiteren Gedankenpause, in der er mit Worten rang und die Michael wie eine Ewigkeit vorkam, verstummte er schließlich. Dann schaute er auf die Uhr und sagte: »Entschuldigt. Das war wohl nix. Ich glaube, ich habe unsere Zeit genug vergeudet. Vielleicht ...«

In diesem Moment fiel Ratzel die Fernbedienung aus der Hand. Er versuchte noch, sie mit akrobatischen Schnappbewegungen vor dem Aufprall zu bewahren. Schließlich krachte sie aber doch mit lautem Scheppern auf den Boden. Alle lachten auf, froh aus ihrer Lähmung zu erwachen. Hartwig nutzte die Gelegenheit, seinen Satz zu beenden: »Vielleicht haben wir nachher noch etwas Zeit, darüber zu reden.«

Der Rest der Besprechung lief wie gewohnt. Am Ende war natürlich keine Zeit mehr und niemand – Hartwig eingeschlossen – war darüber besonders unglücklich.

Abendessen, die Zweite

Es war Freitag. Michael und Claudia saßen beim Abendessen. Michael war in grüblerischer Stimmung. Er hatte sich fest vorgenommen, endlich mit Claudia über dieses misslungene Managementmeeting zu sprechen. Fünf Tage war das jetzt her und es gab bisher keine Gelegenheit, sie um Rat zu fragen. War er zu naiv gewesen, von seinen Leuten aus dem Management zu erwarten, dass sie mit ihm mitgehen würden? Warum waren die so verschlossen geblieben? Hatte sich denn von denen nie einer gefragt, warum er das alles eigentlich auf sich nahm? Er wusste ja nur zu gut, dass die Führungskräfte alle keine geregelten Achtstundentage hatten. Da ging auch schon mal das Wochenende drauf, wenn's brannte. Aber so etwas machte man doch nicht ...

»Schmeckt's nicht?«, unterbrach Claudia seine Gedanken.

»Oh. Ja. Doch«, sagte er und nahm sich einen Happen auf den Löffel. »Ich grüble nur.«

»Ach. Ist mir gar nicht aufgefallen ...« Sie grinste ihn keck an. »Na sag' schon, worüber denn? Lass mich mal mitgrübeln.«

»Mja, ich wollte schon die ganze Woche mit dir sprechen ... Letzten Montag habe ich mal versucht, diese Idee im Managementmeeting anzusprechen.«

»Diese Idee? Du meinst: dein spirituelles Garagen-Erlebnis?«

»Mach dich nur lustig. Aber ja, Garage, genau. Diese Idee, mal nach dem Sinn zu fragen oder warum man sich eigentlich krumm legen sollte für die Krageltec.«

»Krummlegen?«

»Naja, nein. Ich meine: im Managementteam sitzt keiner, der um fünf den Stift fallen lässt. Die arbeiten alle eher zu viel als zu wenig. Die müssen doch auch mal solche Gedanken haben wie ich: Wo ist eigentlich meine Euphorie geblieben? Oder wie auch immer du das nennen willst.«

»Ok. Das habe ich ja alles schon letzte Woche verstanden. Was ist denn jetzt genau passiert in diesem Meeting? Wie bist du das denn angegangen?«

»Angegangen? Was meinst du mit ›angegangen‹? Ich habe die einfach gefragt: Warum macht ihr das hier eigentlich wirklich?«

»Du hast sie einfach damit überfallen? Ohne jegliche Einleitung und ohne ihnen einen Zugang zu verschaffen? Hattest du nicht gesagt, du wolltest eine Idee entwickeln?«

»Ja, zugegeben. Das war vielleicht wirklich ein kleiner Überfall. Aber nach dem ersten Schreck muss doch dann irgendwas kommen …«

Michael stocherte zögernd im Essen herum.

»Und da kam also nichts: richtig verstanden? Jetzt erzähl doch mal!«

»Da gibt's nichts zu erzählen. Die haben mich alle mit großen Kulleraugen und tausend Fragezeichen angeschaut und kein Wort rausgekriegt. Und dann sind wir zur Tagesordnung übergegangen.«

»Hm. Also erstmal ist das auch ein bisschen schwierig, so ohne Leitplanken. Die wissen ja nichts von deinem …«, eine kleine Bedeutungspause und wieder dieser freche Blick, »besonderen Erlebnis in der Garage. Wie sollen die verstehen, worum es dir geht? So ganz ohne Einleitung?«

»Braucht es da immer eine Einleitung? Und nee: dafür hatten wir nicht wirklich Zeit.«

»Aber genau die brauchen sie. So was braucht ein Weilchen. Du darfst zwischendurch übrigens auch deinen Teller leer machen, während ich spreche … Ich glaube außerdem, dass das Ganze ein – naja – Format braucht.«

»Meinst du? Ich will ja gerade keine sogenannte Moderation, die dann auf Ergebnisse raus will. Dann haben wir wieder dieses Zielorientierte. Ich will auf keinen Fall, dass es da eine To-do-Liste gibt am Ende.«

»Ja. Das finde ich gut! Aber auch das musst du ihnen vielleicht mal sagen. Und dann fällt mir noch etwas ein: Du bist ihr Chef! Genauer: ihr direkter Vorgesetzter. Das ist nicht leicht. Was hast du erwartet? Dass sie dir – also ihrem Chef – gegenüber zugeben, sich diese Frage lieber nicht zu stellen? Weißt du noch, wie lange es bei dir gedauert hat, deinem Prof gegenüber, der ja auch so etwas wie dein Chef war, über Unsicherheiten zu sprechen?«

An diese Sache mit der Hierarchie hatte er noch gar nicht gedacht. Michael nickte schweigend und nahm den Rest von dem wirklich hervorragenden Gemüsecurry. Format, Format: was könnte das sein …?

Eine Ermutigung vom Personalchef

Just in diesem Moment läutete Michaels Mobiltelefon. Den strengen Blick von Claudia übersah er, nahm es in die Hand und während er das Gespräch annahm, sagt er noch: »Der Bernd? Um diese Uhrzeit?«

Am Telefon war Bernd Nolte, der Personalchef: »Guten Abend, Michael. Stör ich?«

»Naja, nee. Ist ja mein Diensthandy, du kennst ja die Regel: Wenn ich rangehe, gehe ich ran.« Wieder vielsagende Blicke von Claudia.

»Ja, kenn ich. Du, verzeih mir, wenn ich noch so spät anrufe. Aber bevor ich mir jetzt Samstag und Sonntag den Schädel zermartere über etwas, was dann am Ende …«

»Mach's bitte kurz, Bernd. Ewig kann ich Claudia auch nicht hinhalten.«

»Also. Es geht um deinen, ähm, Einwurf, wenn ich das mal so nennen darf, beim Managementmeeting am Montag.«

»Ja, war Mist, ich weiß. Ich sprach gerade mit Claudia darüber.«

»Naja, so ganz daneben war es auch nicht. Katharina Brinkmeier war doch auch in dem Meeting. Du weißt schon: Marketing. Das ist die mit den Retros.«

»Retros? Was für Retros?«

»Ach so, kennst du noch gar nicht? Egal, erklär ich dir ein andermal. Jedenfalls: Die Katharina hilft mir hier bei der Jugendarbeit im *Han Ho San*, sie macht auch Judo.«

»Ach!«

»Ja. Deshalb ruf ich auch jetzt noch an. Wir haben heute nach dem Training über Montag gesprochen. Natürlich war das ein ziemliches Durcheinander, das du da veranstaltet hast, das hast du ja gemerkt. Wir haben nicht so recht verstanden, was du wolltest. Und da wurde auch noch nach der Veranstaltung wild spekuliert, welche Tarantel dich da wohl gestochen hatte.«

»Wieso, was haben sie denn gesagt?«

»Nun, ich will hier nicht ausplaudern, was nicht für deine Ohren gedacht war. Aber so viel kann ich sagen: Wir wussten alle nicht, worauf du hinauswolltest. Einhellige Meinung bestand auch darüber, dass die Antwort auf deine diffuse Frage zuallererst *von oben* kommen müsse. Sprich: von dir selber.«

»Können sie haben!«, antwortete Michael. »Aber du rufst doch nicht an, um mir *das* zu sagen, oder?«

»Nein, natürlich nicht. Wie gesagt, hab' ich eben noch nach dem Training über das Meeting gesprochen. Irgendwie hast du bei Frau Brinkmeier wohl einen Nerv getroffen. Sie konnte deiner Idee etwas abgewinnen. Und hat nebenbei auch mich angesteckt.«

»Aha?«

»Ich mein's ernst. Bei uns in der Firma tut sich gerade an einigen Stellen etwas. Es gibt in vielen Abteilungen Experimente, die ich erst belächelt habe, aber sie scheinen einen guten Einfluss auf die Zusammenarbeit und sogar auf unser Bemühen um mehr Innovationskraft zu haben. Ich habe auch dazugelernt in den letzten Wochen und Monaten und zwar, dass man manche wolkigen Ideen nicht gleich einstampfen muss, nur weil man sie nicht auf Anhieb versteht.«

»Na das sind ja Worte! Vom Meister der Fakten und Zahlen.«

»Tja, du wirst es nicht glauben, aber auch ich hatte mal Träume vom Personalmanagement jenseits von Tabellen und Verträgen ... Aber bevor wir jetzt philosophisch werden: Ich habe schon einen konkreten Vorschlag, der nicht von mir kommt, sondern von Ka ..., von Frau Brinkmeier.«

»Und zwar?«

»Sie würde die Sache gerne in die Hand nehmen und ein Format dazu überlegen, wie sie es nennt.«

»Das ist ja toll, Mensch! Ich hatte mich schon geschlagen gegeben. Du hättest mal Claudia hören sollen. Und du? Wie kommst jetzt du ins Spiel bei der Sache? Du rufst doch nicht um diese Uhrzeit an, nur um mir zu sagen, dass Frau Brinkmeier das in die Hand nehmen will? Ach so, jetzt komme ich drauf – ihr macht das gemeinsam. Das ist ja eine gute Idee!«

»Ich wollte eigentlich ...«

»Und gleich Montag setzen wir drei uns mal zusammen. Damit wir das nochmal genau besprechen können. Nein, halt, Montag geht nicht. Wie wär's mit Dienstag 10:30 Uhr?«

»Ähm ... Ich soll ... Na gut. Macht schon Sinn. Dienstag? Ja, geht bei mir. Ich klär das mit Katharina, ob sie auch kann. Na dann will ich dich nicht länger stören! Grüß' Claudia von mir!«

»Mach ich. Schönen Abend, Bernd.«

Michael Hartwig legte das Handy weg und schaute Claudia mit großen Augen und einem breiten Lächeln an: »Der Bernd. Man sollte nie sagen, Menschen würden sich nicht verändern.«

»Und dein Handy verändert mal schnell seinen Zustand – und zwar in Richtung Flugmodus«, unterbrach Claudia seine Gedanken. »Es ist Freitagabend und wir hatten da mal einen Deal …«

Einladung zum Y-Talk

Nach drei Wochen gemeinsamer Arbeit stand das Konzept und Katharina und Bernd sahen Michael Hartwig gebannt an. Die gemeinsame Arbeit war dann doch hauptsächlich an Bernd und Katharina hängen geblieben – beim Chef war regelmäßig etwas dazwischengekommen.

»So hatten wir uns das in etwa vorgestellt«, beendete Bernd Nolte gerade die Ausführungen.

»Gute Arbeit. Gefällt mir sehr. Ich hatte schon befürchtet, dass ihr mir jetzt mit so einem durchorganisierten Ablaufplan kommt. Aber da ist ja viel Freiraum zum Denken drin«, nickte Michael Hartwig anerkennend.

»Genau das haben wir uns auch gedacht«, pflichtete Katharina ihm bei. »Hier ist weniger mehr. Da waren wir uns beim ersten Treffen ja auch schon sehr einig. Ein durchgestylter Workshop würde sicher mehr Halt geben, aber wir glauben auch, dass der Freiraum wichtig ist, um überhaupt ins freie Denken zu kommen.«

»Nun zu dir, lieber Michael. Für dich haben wir auch noch eine schöne Aufgabe. Wir finden, dass du zu dem Meeting einladen musst. Wir haben dir ein paar Stichworte vorbereitet, sind aber der Meinung, dass es deine Worte sein sollten. Schließlich soll es nach dir klingen und nicht nach einer ausgedachten Einladung, was meinst du?«, ergänzte Bernd.

»Hm, obwohl ich ja sonst lieber Aufgaben delegiere, muss ich euch wohl an dieser Stelle recht geben«, gab der Chef nach. »Wisst ihr was, ich bin jetzt so gut drin nach diesem Gespräch mit euch – ich formuliere gleich heute Abend etwas. Vielleicht hilft Claudia mir ja, die kann so gut formulieren«, setzte er zuversichtlich mit einem hoffnungsvollen Grinsen nach. »Lasst uns doch gleich morgen um neun wieder treffen und dann gehen wir die Einladung durch. Vielleicht können wir sie dann gleich losschicken«, ergänzte Michael Hartwig voller Tatendrang.

»Kompliment, Chef«, strahlte Katharina. »Das hätten wir nicht besser machen können«, setzte sie verschmitzt nach. Gleich um neun trafen die drei sich wie verabredet wieder. »Von mir aus können wir auf Senden drücken«, auch Bernd Nolte gab sein Ok zum Text. »Moment, ich lese noch einmal laut vor«, schlägt der Chef vor:

Liebe Kolleginnen, liebe Kollegen,
Ich schreibe Ihnen allen heute in einer Angelegenheit, die einerseits persönlich und andererseits aber, wie ich finde, auch für die Krageltec als Firma wichtig ist. Ich bin nun schon seit über zehn Jahren mit der Leitung dieses Unternehmens betraut und kämpfe, wie Sie alle vermutlich auch, immer wieder mit den Unwägbarkeiten und auch Ernüchterungen meiner Arbeit. Ich habe aber vor ein paar Wochen ein kleines, sehr persönliches Aha-Erlebnis gehabt. Um es kurz zu machen: Der entscheidende Punkt war die Frage »Warum mache ich das hier eigentlich? Was hat das alles mit mir zu tun? Entspricht mein Beitrag zum Bestehen der Krageltec dem, was ich mir vor zehn Jahren vorgenommen hatte?« Vielleicht finden Sie es naiv oder erstaunlich für einen Unternehmer, sich solche Fragen zu stellen. Aber ich empfinde die Auseinandersetzung mit diesen Fragen als äußerst hilfreich. Die Antworten, die ich auf diese Fragen gefunden haben, geben mir wieder Orientierung und Energie, um das Unternehmen sinnvoll zu leiten. Soweit mein persönlicher Teil.
Was den Nutzen für die Krageltec als Ganzes anbetrifft: Ich vermute – ich hoffe! – diese grundsätzlichen Gedanken über das Warum können Sie und euch genauso beflügeln. Es gibt derzeit kein Meeting oder Format, um das Warum zu besprechen. Das möchte ich ändern.
Ich habe mich mit Bernd Nolte und Katharina Brinkmeier in der Sache verständigt. Die beiden werden die Fortentwicklung dieser Idee in die Hand nehmen. Es hat im kleinen Kreis bereits Versuche gegeben.
Wir möchten Sie gerne einladen, nächsten Freitagnachmittag in größerer Runde über Ihre Arbeit hier bei der Krageltec zu sprechen. Oder genauer: Wir möchten die Diskussion eröffnen: Darüber, warum jeder Einzelne in unserem Unternehmen arbeitet, was er sich vorgestellt hat, was er hier beitragen kann und will. Ich möchte betonen, dass es NICHT darum geht, neue Unternehmenswerte, Leitbilder oder Prozessverbesserungen anzustoßen. Diese Veranstaltung ist insofern eine

ganz besondere, als wir es uns gönnen, sie frei zu halten von einem konkreten Ziel.

Ich weiß: Das ist vielleicht zunächst schwierig zu verstehen, weil es noch etwas schwammig formuliert ist. Lassen wir uns überraschen! Es ist ein Experiment und ich kann nicht vorhersehen, ob und, wenn ja, welche Antworten kommen. Ich möchte Sie aber herzlich einladen, an dem Experiment teilzunehmen.

Ich habe großartige Unterstützung durch Bernd Nolte und Katharina Brinkmeier bekommen, die am Freitag moderieren werden und die Fortentwicklung in die Hand nehmen. Der Termin inklusive Raum und genauer Uhrzeit geht Ihnen morgen zu. Die Teilnahme ist freiwillig! Niemand wird genötigt, hier mitzumachen.

Mit freundlichen Grüßen

Michael Hartwig

»Immer noch ok?«, fragte Michael Hartwig in die Runde. Beide nickten. »So, gesendet«. Michael Hartwig drückte auf die Senden-Taste und sprach das Offensichtliche aus. Die drei schauten sich verschwörerisch an. »Ich bin gespannt wie ein Flitzebogen«, grinste Katharina breit. Ihr war die Aufregung und Begeisterung über den bevorstehenden Termin deutlich anzumerken. Bereits nach 20 Minuten trudelten die ersten Zusagen ein, die von den dreien jeweils gebührlich und triumphierend kommentiert wurden. Nach einer Woche waren es 37 Zusagen. »Ist doch eine ordentliche Größe«, bewertete Bernd Nolte das Ergebnis trocken, aber man merkte ihm die Freude an, dass es nicht nur ein paar Pflichtzusagen geworden waren.

Das Warum-Experiment

Jetzt war er da – der Freitag. Pünktlich um 11 Uhr waren 31 Teilnehmer anwesend – sechs hatten kurzfristig noch wegen anderer dringender Arbeiten abgesagt. Michael Hartwig, Bernd Nolte und Katharina Brinkmeier standen in der Mitte des größten Besprechungsraums »Bielefeld«, um sie herum die Kolleginnen und Kollegen.

»Willkommen zu unserem Warum-Experiment«, eröffnete Michael Hartwig herzlich und mit strahlendem Lächeln die Runde. »Wie in der Einladung bereits angekündigt, geht diese Veranstaltung auf eine persönliche Eingebung von mir zurück. Ich hatte die alten Firmen-Tagebücher meines Großvaters wiedergefunden und wurde mit diesen Büchern daran erinnert, dass Kragel-tec immer eine Herzensangelegenheit meines Großvaters und meiner ganzen Familie war. Damals noch in etwas ruhigeren Fahrwassern, ohne Elektroauto,

Facebook und chinesischen Einwegkrageln ...« Jetzt hatte er ein paar Lacher auf seiner Seite. »Aber auch damals gab es genügend Hürden und Schwierigkeiten, denen die Firma sich stellen musste. Durch die Tagebücher wurde ich daran erinnert, mit welcher Leidenschaft, Risikobereitschaft und Liebe zum Produkt die Probleme angepackt wurden. Heute denke ich manchmal, wir kämpfen nur ums Überleben. Aber das ist mir nicht genug. Ich denke, das ist niemandem hier genug.« Er schaute ruhig und interessiert in die Gesichter und fuhr fort: »Deshalb denke ich: Es ist an der Zeit, dass wir die Warum-Frage gemeinsam diskutieren. Mein Urgroßvater, Großvater und auch mein Vater haben diese Firma größtenteils allein geführt. Alle wichtigen Entscheidungen liefen über ihren Tisch. Die Zeiten haben sich geändert. Heute wird die Krageltec von vielen, eigentlich von allen Mitarbeitern geführt. Ich kenne mich mit vielen Themen gar nicht mehr so gut aus, muss und will mich auf die Expertenmeinung im Haus verlassen. Kurz: Jede Arbeit hier ist von großer Bedeutung und ich bin nicht sicher, ob das jedem hier bewusst ist. Deshalb hilft es auch nichts, wenn ich allein eine Antwort darauf finde, warum es die Krageltec gibt. Meine Leidenschaft allein entscheidet schon lange nicht mehr über das Wohl der Firma, sondern die Kompetenz und Leidenschaft von euch!«

Jetzt war es totenstill im Raum. Einige blickten betreten auf den Boden, andere nickten langsam und signalisierten Zustimmung und Achtung, andere wiederum lächelten sich etwas verlegen an. Aber es lag auf der Hand: Michael Hartwig hatte die Herzen erreicht. Er fuhr fort:

»Deshalb gibt es heute diesen Termin. Und bevor ich weiter schwadroniere, übergebe ich an Katharina und Bernd, die so nett waren, diese Veranstaltung zu planen und zu organisieren.« Anhaltender Beifall brach aus und man sah Michael Hartwig die Rührung deutlich an.

»Vielen Dank, Herr Hartwig«, übernahm Katharina. »Dann wollen wir mal«, ergänzte sie etwas nervös, aber voller positiver Energie. »Wir haben hier im Raum mehrere Pinnwände aufgestellt, die jeweils eine andere Überschrift haben.« Sie ging auf eine Pinnwand zu. »Hier findet ihr die Frage: *Warum bist du hier?*« Sie ging weiter. »Und auf dieser Wand findet ihr die Frage *Wovon träumst du? – *Ihr seht: Es geht nicht unbedingt um wortwörtliche Antworten.« Sie ging zur nächsten Wand und sagte lachend. »Oder ganz frech: *Warum bist du nicht woanders?*« – und nach ein paar weiteren Schritten: »Was an deiner Arbeit bist du?« Schließlich stand sie vor der letzten Pinnwand und las: »Welche Wünsche hattest du, bevor du hier angefangen hast?«

Leises Gemurmel der Teilnehmer. Jetzt war Bernd Nolte an der Reihe: »Wir haben bewusst viele sehr unterschiedliche Formulierungen ausgewählt. Das sind Fragen, die vor allem inspirieren sollen, anregen. Wenn der ein oder andere von euch die Frage umformulieren möchte, um sie besser zu beantworten: Fühlt euch frei! In der Vorbereitung haben Katharina und ich einen Probelauf gemacht und bemerkt, dass wir völlig unterschiedlich ticken: Ich würde die Fragen am liebsten ganz allein und in Ruhe beantworten, während Katharina am liebsten mit einer Gruppe darüber diskutieren möchte. Wir geben jetzt allen hier zwei Stunden Zeit, um sich mit den Fragen zu beschäftigen. Wer das in aller Ruhe für sich selbst tun möchte, kann den Nebenraum »Bad Pyrmont«, den »Zen-Garten« oder welchen Ort auch immer dafür nutzen. Wer die Fragen lieber in einer Gruppe besprechen möchte, der kann hier bleiben oder im Nebenraum »Brakel« diskutieren. Die Gruppen finden sich eigenständig.«

Katharina ergänzte: »Auf dem Tisch dort findet ihr ausreichend Kärtchen und Stifte. Wenn ihr eine Karte beschrieben habt, dann könnt ihr sie an eine der Pinnwände hängen. Und nochmal: ihr *müsst* hier gar nichts aufschreiben! Ihr könnt auch einfach nur nachdenken oder mit den anderen reden. Oder nur zuhören. Wir erwarten kein sogenanntes Ergebnis. Wenn es ein Ziel gibt, dann nur, dass ihr euch über euer ganz persönliches Warum hier Gedanken macht. Die Freiheit dazu: das ist der Sinn dieser Veranstaltung.« Den nächsten Satz hatte sie gestern noch einstudiert: »Und keine Sorge, den Herrn Hartwig nehme ich gleich mit in meine Gruppendiskussion nach Brakel, damit er hier nicht beobachten kann, wer was an die Pinnwand hängt.« Sie lächelte ihr gewinnendes Lächeln und meinte, ein paar erleichterte Gesichter zu erkennen. »Noch Fragen?«

Dieter aus der Produktion meldete sich »Was machen wir, wenn die zwei Stunden rum sind?«

»Gut, dass du fragst«, antwortete Bernd Nolte. »Dann versammeln wir uns hier, und wer Lust hat, stellt seine Karte vor und sagt ein bisschen was dazu.« Wieder Gemurmel. »Ich hab auch noch eine Frage«, meldet sich Werner aus der Poststelle. »Ihr seid mir manchmal 'n bisschen zu hoppla-hopp, Kinders. Der Chef hat das Ding in seiner Mail *Warum-Frage* genannt. Und darauf sollen wir jetzt antworten. Habe ich das richtig verstanden?« Er wartete die Antwort gar nicht erst ab und fuhr gleich fort: »Jedenfalls fällt mir da – so aus der Hocke – überhaupt nichts ein. Gebt mir doch mal ein Beispiel, wie so eine Antwort aussehen könnte.« Zustimmendes Gemurmel und allgemeines Nicken erfüllten den Raum.

Katharina und Bernd schauten sich an und lächelten. Sie hatten beide gegen Michael Hartwig darauf gewettet, dass diese Fragen kommen würde, und ihn deshalb darum gebeten, seine eigenen Antworten vorzubereiten. Jetzt war also er an der Reihe: »Was haltet ihr davon, wenn wir das an meinem Beispiel durchgehen?«, bot er an. Großes Hallo, eifriges Nicken und Daumen hoch waren die Reaktionen.

»Dann wollen wir mal.« Michael ging zur ersten Pinnwand und sprach nachdenklich: »Warum bin ich hier? Darüber hab ich ja, wie angedeutet, in den letzten Wochen viel nachgedacht. Daher hab ich einen ganz schönen Zeitvorsprung. Ich erwarte jetzt auch nicht, dass alle das abschließend beantworten können. Wie auch immer: Auf meinen Kärtchen wird hier stehen:
1. Weil ich das Unternehmen von meinem Vater geerbt habe und es seit meiner Geburt feststand, dass ich in seine Fußstapfen trete.
2. Weil ich mich hier zu Hause fühle – neben meinem Wohnhaus ist das hier meine zweite Heimat.
3. Weil die Leitung dieses Unternehmens die spannendste Aufgabe in meinem Leben ist, die ich mir vorstellen kann.
4. Und schließlich bin ich auch hier, weil ich mich allen 637 Mitarbeitern und ihren Familien verpflichtet fühle.«

Er schwieg und gab den Kollegen und Kolleginnen etwas Zeit. »Aber doch auch wegen Geld«, tönte es aus einer hinteren Reihe. Gelächter. Michael lächelte und schüttelte den Kopf: »Über Geld habe ich in den letzten Wochen auch viel nachgedacht, aber wenn es mir um das Geld ginge, also nur um das Geld, dann hätte ich den Laden auch verkaufen können. Vor acht Jahren gab es sogar ein lukratives Angebot, das ich sehr gern ausgeschlagen habe. Ich hätte das Gefühl gehabt, meine Herkunft zu verraten und außerdem noch den besten Job der Welt zu verlieren.« Wieder viele nickende und anerkennende Gesichtsausdrücke. Von dieser Seite hatten sie ihren Chef noch nicht kennengelernt.

»Das war also meine Beispielantwort. Aber vielleicht hilft ja auch noch etwas anderes.« Hartwig ging zum Flipchart und blätterte die erste Seite um. Dahinter verbarg sich ein beschriebenes Blatt mit der Überschrift »Worum es heute **nicht** geht«. Dort war zu lesen:

- Was gerade gut ist
- Was gerade schlecht ist
- Jetzt etwas ändern wollen
- Nicht, was du kannst, sondern was du willst

Hartwig las die Punkte vor und schaute wieder in die Runde. »Könnt ihr mal ein Zeichen geben, ob die Fragestellung einigermaßen verständlich ist? Bitte mal Daumen hoch für ja und Daumen runter für eher nicht.« Die meisten Daumen gingen hoch und zeigten nach oben. »Wer noch Fragen hat, kann ja gleich auch auf Katharina, Bernd oder mich zugehen.«

Ein Jahr später

»Weißt du, was das soll?« Nachdenklich las Michael seiner Frau eine Termineinladung vor. »Nein, aber ich bin auch eingeladen.« Katharina hatte zu einem Termin in der Eingangshalle eingeladen – am nächsten Montag. Thema: *Ein Jahr Warum*. Kryptischer Titel, aber es musste was mit den Warum-Treffen zu tun haben. »Moment mal, da ist ja die ganze Firma eingeladen.« Jetzt wirkte Michael fast ein bisschen gereizt. »Darf die das denn einfach so?« »Nun, sie macht es zumindest einfach so«, entgegnete Claudia in ihrer unnachahmlich trockenen Art. »Dein Vater hat doch immer gesagt: Wer viel fragt, kriegt auch viele Antworten.« Sie kicherte und wusste, dass es nicht ganz fair war, ihn mit seinen eigenen Waffen zu schlagen. »Kommst du mit?« »Dafür lass ich sogar meine Montags-Laufrunde sausen«, entgegnete Claudia.

Als sie am Montag um 8 Uhr ankamen, erwartete sie bereits die halbe Belegschaft im Foyer. An der Wand hing ein riesiges Etwas, verhangen mit einem großen weißen Tuch. Um kurz nach acht ergriff Katharina das Wort:

»Vor genau einem Jahr haben wir angefangen, uns mit der Frage »Warum?« auseinanderzusetzen. Wir haben in fünf weiteren Sitzungen mit mehr als 180 Kolleginnen und Kollegen über das Warum bei der Firma Krageltec gesprochen. Ich bin sehr glücklich darüber, dass ich das Thema von Anfang an begleitet habe. Ich habe Frust und Enttäuschung, Freude und Motivation und echte Auseinandersetzung mit der Warum-Frage erlebt. Alle Termine waren außerordentlich intensiv und sehr inspirierend für mich. Nach dem fünften und letzten Termin kamen Beate Schlier, Werner Hagenhoff und Klaus Gerber auf Bernd Nolte und mich zu und meinten, dass wir etwas aus den Ergebnissen machen sollten.«

Nun übernahm Werner das Wort: »Ja, das haben wir. Wir waren ja sehr skeptisch, was diesen Unsinn angeht.« Er grinste breit. »Ich kenn' mich ja mit so neumodischem Kram nicht aus und hab' befürchtet, dass wir auf diesen Veranstaltungen unseren Namen tanzen sollen oder so was. Daran wollte ich erst gar nicht teilnehmen. Aber dann sind sehr viele Antworten gekommen, die sogar mich alten Hasen gerührt haben.«

Bernd Nolte ergänzte: »Ja, viele Antworten waren sehr berührend. Manche Antworten aber auch alarmierend. Ein paar Kollegen haben sich ja sogar entschieden, beruflich in Zukunft etwas ganz anderes zu machen, und uns verlassen. Das hat uns zu Anfang sehr erschreckt. Wir wollten ja niemanden zum Gehen animieren. Aber dann haben wir erfahren, wie dankbar sie letztlich für die Veränderung waren. Wir haben uns von den wenigen Kollegen im Guten getrennt. Einer hat sogar für einen Nachfolger für sich gesorgt und ihn eingearbeitet. Wir haben dazu einige Artikel veröffentlicht und viel Zuspruch in den sozialen Kanälen dafür geerntet. Ich kann es noch nicht in konkrete Zahlen fassen, aber unser Eindruck in der Personalabteilung ist, dass sich die Qualität der Bewerbungen verbessert.«

Nun war Beate dran: »Die Warum-Diskussion hat wirklich viel ausgelöst. Ich habe mitbekommen, wie die Meetings wochenlang das Thema Nummer eins waren in den Kaffeeküchen. Ein paar wirklich verrückte Gerüchte waren auch dabei. Die waren sehr nah dran am ›Namen tanzen‹.« Gelächter. »Da haben wir fünf uns zusammengetan und überlegt, wie wir die Antworten hier im Foyer sichtbar machen könnten. Nun ist mein Cousin zufällig Künstler. Er hat uns geholfen, ein Kunstwerk aus den Antworten zu erschaffen.«

Klaus Gerber übernahm: »Michael, kommst du bitte mal nach vorn?« Er fasste Michael Hartwig am Arm und ging mit ihm ganz nah an die weiß verschleierte Skulptur. »Bitte hier anfassen.« Er drückte Michael ein Stück Kordel in die Hand – das restliche Kordelband verteilte er an die umstehenden Kollegen.

»Wir enthüllen jetzt gemeinsam das »Krageltec-Warum-Kunstwerk«, rief Klaus Gerber allen zu. »Ich zähle von fünf runter: fünf, vier, drei, zwei, eins. *zieht!*« und damit fiel der weiße Stoff und sichtbar wurden Dutzende kleiner Täfelchen, die sich offenbar drehen ließen. Klaus erklärte: »Auf jedem dieser Täfelchen ist eine Antwort zu lesen auf die Frage: *Warum bist du hier?* Die Täfelchen sind abwischbar, genau wie ein Whiteboard in unseren Meetingräumen. Wenn also jemand seine Meinung ändert, kann er oder sie das Täfelchen einfach neu beschreiben. Und damit nicht nur eine Antwort Platz hat, lässt sich das Täfelchen drehen.«

Applaus ertönte. Jetzt drängten sich die Kollegen um das Warum-Kunstwerk. Michael Hartwig entdeckte seine eigene Antwort und rief in die bedächtige Stille: »Weil das die spannendste Aufgabe in meinem Leben ist, die ich mir vorstellen kann.« Und von ganz hinten rief einer: »Aber doch auch wegen des Geldes!«

6.2   Reflexion: Unsere Erfahrungen mit dem Y-Talk

Das ist wieder ein workhack, der den Begriff »hack« doch sehr dehnt, nicht wahr? Wie seid ihr denn auf dieses Format gekommen?

Ich war letztes Jahr auf der Berlinale und habe einen neuseeländischen Tanzfilm gesehen. Der Regisseur war anwesend und hat von der Produktion erzählt. Ihm war der Film äußerst wichtig und eine Herzensangelegenheit – er hat mehrere Jahre an dem Projekt gearbeitet. Nun hatte er ein begrenztes Budget, das ihm erlaubte, sechs Wochen zu filmen. Das ist kein sehr langer Zeitraum, und so stand er ziemlich unter Druck. Er erzählte, dass es ihm sehr wichtig war, dass alle Beteiligten eine ähnliche Vision von dem Film teilten, damit alle in die gleiche Richtung arbeiteten.

Nach einer Woche bemerkte er, dass eine wichtige Person in der Filmcrew kein großes inhaltliches Interesse an dem Film hatte und nicht vom ganzen Herzen dabei war. Der Regisseur zog sofort die Konsequenzen und ersetzte die Person. Und er führte eine wöchentliche Besprechung ein unter dem Titel: »Why do we make this movie?« Daraus leitet sich der Name dieses *workhacks* ab: Y-Talk, gesprochen *Why Talk*. Jeden Freitag wurde die Mannschaft zusammengetrommelt, um über den Sinn des Films zu diskutieren. Es wurden Geschichten ausgetauscht, warum jemand an diesem Projekt mitwirkt und welche eigene Geschichte und Vision sich dahinter verbirgt. Durch diesen Austausch hat der Film sozusagen eine Visionserweiterung erfahren, die durch diese Freitagstreffen offengelegt wurde.

Natürlich hatte der Regisseur eine klare Vorstellung davon, warum er diesen Film machte. Aber das war nur seine Perspektive. Durch den Austausch wurde deutlich, dass die Beteiligten weitere Aspekte hinzufügten, die dem Film guttaten.

Worum geht es euch denn bei dem Y-Talk? Warum ist der so wichtig?

Wir haben ja bereits den Motivationsforscher Daniel H. Pink zitiert. Eines von drei wesentlichen Motiven für Menschen ist »Sinn«. Menschen wollen in dem, was sie tun, einen Sinn erkennen. Nun haben wir in vielen Unternehmen durch Arbeitsteilung, Industrialisierung und Spezialisierung die Aufgaben so kleinteilig gemacht, dass das große Ganze schwer erkennbar ist. Gleichzeitig muss das Unternehmen ja eine sinnvolle Existenzberechtigung haben, sonst würde es nicht überleben. Was hindert uns also, die wichtige Frage nach dem Sinn zu stellen?

Was glaubt ihr denn, was Unternehmen daran hindert?

Wir erleben in Unternehmen selten ganz offene Diskussionen. Meist gibt es eine klare Agenda, ein Ziel, ein Abwägen zwischen Alternativen. Das ist ja häufig auch gut so, weil es zielgerichtet ist und man schneller zu Entscheidungen kommt. Aber es ist eben nicht immer gut. Wir glauben, dass Unternehmer und Manager es quasi verlernt haben, eine Frage zu stellen, ohne die möglichen Antworten darauf schon zu kennen. Für den Y-Talk braucht es aber genau diesen Mut, die Antwort eben nicht zu kennen. Weil es auf die Frage nach dem »Warum« nicht eine wahre, sondern viele richtige und hoffentlich ein paar unerwartete Antworten gibt.

Wir vermuten, dass viele Vorstände und Führungskräfte denken, sie müssten das »Warum« vorgeben und die Sinnfrage für die Mitarbeiter beantworten. Darauf laufen viele der nur scheinbar von unten kommenden Diskussionen über Unternehmenswerte hinaus. Und weil die Führungskräfte damit überfordert sind, lassen sie es lieber ganz sein oder geben die Aufgabe hilflos an die Personalabteilung ab. Ein wirkliches Loslassen dieses Themas, es nur in den Raum zu stellen und dabei offen zu bleiben, das ist echtes Neuland für viele Menschen mit Führungsverantwortung. Dabei könnten alle Beschäftigten voneinander lernen – wenn sie sich gegenseitig erzählen, warum sie da sind. Aber das erfordert eben Mut und Loslassen.

Und was bringt das einem Unternehmen?

Ich verbinde mich als Mitarbeiter durch so eine Diskussion ganz anders mit dem Unternehmen. Viele Unternehmen versuchen, sich durch »Employer Branding«-Kampagnen als Arbeitgeber attraktiver am Markt zu positionieren. Was manchmal fehlt, ist die substanzielle Auseinandersetzung mit den vorhandenen Beschäftigten. Der Y-Talk ist eine sehr einfache und gute Gelegenheit, um in einen echten, substanziellen Austausch zu kommen. Denn: Niemand bewirbt sich doch bei einer Firma, ohne vorher nicht wenigstens ansatzweise einen Traum davon zu haben, was er dort will. Das heißt: Das Potenzial für eine starke Identifikation mit dem Unternehmen ist immer da. Es muss nur aktiviert werden. Zudem spricht sich auch herum, was die Firma neben werbewirksamen Kampagnen wirklich für ihre Mitarbeiter tut.

Muss das »Warum« nicht eigentlich vom Gründer, Vorstand oder Geschäftsführer beantwortet werden?

Wir glauben, dass das »Warum« nur in den ersten Jahren der Existenz eines Unternehmens vom Gründer dominiert und definiert werden kann. Sobald es weitere Beteiligte, also Mitarbeiter gibt, wird der Unternehmenszweck erweitert oder verändert. Insbesondere heutzutage, wo es in vielen Unternehmen nicht mehr nur ums manuelle Tun, sondern um das kreative Lösen von Problemen geht, wird der Unternehmenszweck zwangsläufig immer wieder beeinflusst und modifiziert. Das nicht zu thematisieren, halten wir für fatal. Dabei geht es uns nicht um Strategiearbeit oder Motivationstraining. Wenn eine größere Motivation dadurch entsteht, begrüßen wir das natürlich. Als Nebeneffekt ist sie sehr willkommen. Aber wenn sie nicht eintritt, ist das nicht schlimm. Schlimmer wären Mitarbeiter ohne Ideale, ohne Träume, ohne Identifikation mit der eigenen Arbeit.

Was muss ich denn als Unternehmen besonders beachten bei diesem workhack?

Der Y-Talk-Leiter agiert wie ein Coach. Er gibt keine Lösungen vor. Er erzählt vielleicht von sich, macht aber keine Vorschläge und erteilt keine Ratschläge. Er nimmt eine Hebammen-Funktion wahr: Er bringt hervor, was schon da ist. Er hält sich zurück, sorgt für gegenseitigen Respekt und dafür, dass nicht gewertet wird, dass Unsicherheit legitim ist. Dass das Nichtwissen um eine Antwort erlaubt ist. Dass es keine höheren oder niederen Motive gibt.

Die »Warum-Fragen« könnte sich doch auch jeder selbst beantworten. Muss das in einer Gruppe im Unternehmen sein?

Es ist eine einfache, aber grundlegende Erkenntnis, dass das Gruppenverhalten sehr viel Einfluss auf das individuelle Verhalten hat. Ich habe einmal von einem Unternehmen gehört, das die Hälfte seiner Mitarbeiter entlassen und neu eingestellt hat, um die Kultur radikal zu verändern. Das Ergebnis war ernüchternd. Nach wenigen Monaten haben sich die neuen Mitarbeiter so verhalten wie die alten Hasen. Die neuen passen sich an, so ist das eben. Verhalten in Gruppen ist also viel weniger individuell und autonom, als wir gemeinhin unterstellen. Wenn Menschen in einer Gruppe agieren, dann passen die meisten sich an.

Daraus ergibt sich nun umgekehrt die Frage, wie man eine Verhaltensänderung im Positiven befördern kann. Und da setzen die *Workhacks* nicht bei der Führungskraft an, sondern bei einem ganzen Team inklusive der Führungskraft – sofern es im Unternehmen diese noch gibt. *Workhacks* wenden sich immer an Teams und nicht an einzelne Personen. Damit wird es dem Einzelnen viel leichter gemacht, dran zu bleiben. Wir arbeiten immer mehr in Projekten und sind auf gute Zusammenarbeit angewiesen. Daher sind unsere *workhacks* Team-*workhacks*. Sie gehen darüber hinaus, was Empfehlungen an Einzelne leisten können. In der Anwendung von *workhacks* inspirieren und unterstützen sich die Teammitglieder immer wieder gegenseitig dabei, Neues auszuprobieren. Nicht selten entsteht eine Atmosphäre des gemeinsamen Aufbruchs.

Unsere Hypothese bei *workhacks* ist, dass Teams und Menschen eine gute Arbeitsatmosphäre brauchen, gern Verantwortung übernehmen, dass sie (unterschiedlich große) Freiräume brauchen und dass sie gerne etwas leisten. Ausgehend von dieser Hypothese bleibt die Frage, wie Menschen Gewohnheiten entwickeln, die das ermöglichen. *Workhacks* bieten eine mögliche Antwort darauf.

Was ist eure Vision? Was sollen workhacks im besten Fall bewirken?

Es liegt wohl in der Natur der Sache, dass wir von *workhacks* begeistert sind. Seit der Entstehung denken wir bei jeder Veränderung in Unternehmen oder Teams, was der »hack« in der Veränderung ist – und wir finden immer weitere. Je länger wir uns mit *workhacks* beschäftigen und sie in Unternehmen einsetzen, umso klarer sehen wir das Potenzial. Das macht sehr viel Lust, mit diesem Konzept weiterzumachen. Wir beobachten außerdem, dass viele Unternehmen *workhacks* als Instrument entdecken, ausprobieren und adaptieren.

Letztlich wollen wir einfach, dass Menschen besser miteinander arbeiten. Und dieses Buch soll dafür eine Inspiration sein.

Let's hack.

Y-Talk

Kurzbeschreibung

Der Y-Talk (gesprochen: *Why Talk*) ist ein Format, das einen Austausch über Themen wie »Berufung« und Sinn im Arbeitsleben ermöglichen soll. Wir Menschen suchen eine sinnvolle Aufgabe in einem Unternehmen, mit dessen Zweck wir uns verbinden können. Die Erfahrung, einen Beitrag für etwas größeres Ganzes zu leisten, auf das wir stolz sein können, ist ein sehr starkes Grundmotiv. Leider geht die Frage nach der eigenen Identifikation mit der Arbeit viel zu oft im Getriebe des Tagesgeschäfts verloren. Die Auseinandersetzung mit dieser sehr persönlichen Frage kann durchaus emotional geführt werden und ist im besten Fall hochmotivierend. Für eine Diskussion von Sinnfragen gibt es aber meist keinen Platz in Unternehmen. Dadurch geht viel Potenzial für eine starke Identifikation der Mitarbeiter mit ihrem Unternehmen verloren. Der »Y-Talk« soll diesen Fragen Raum geben.

Der *workhack* ist hilfreich ...

- wenn der Sinn des Unternehmens nicht mehr allen klar ist,
- wenn nur noch Tagesgeschäft abgearbeitet wird, aber das große Ganze aus dem Blick geraten ist,
- wenn sich der Unternehmenszweck verändert hat oder in naher Zukunft verändern wird,
- wenn typische Indikatoren für Motivation und Engagement bei großen Teilen der Belegschaft eine absteigende Tendenz zeigen.

Was Sie beachten sollten

- Ein wesentliches Merkmal dieses Formates ist seine Offenheit. Es geht nicht um Ergebnisse, sondern darum, sich bewusst zu werden, warum man tut, was man tut.
- Extrovertierte Mitarbeiter können sich in Gruppen austauschen.
- Introvertierte Mitarbeiter haben die Möglichkeit, alleine nachzudenken.
- Machen Sie im Vorfeld keine Pläne, in welcher Form die Ergebnisse präsentiert werden.
- Überlassen Sie es dem einzelnen Teilnehmer, ob er oder sie seine Antworten veröffentlichen will oder nicht.

Hilfsmittel

- eine sensible und vertrauenswürdige Moderation
- mehrere Räume: für das Plenum, für die Diskussionen der extrovertierten Mitarbeiter sowie ungestörte Denkräume für introvertierte Mitarbeiter

Stichwortverzeichnis

HAUFE.

Ihr Feedback ist uns wichtig!
Bitte nehmen Sie sich eine Minute Zeit

www.haufe.de/feedback–buch